시골에 집짓고 삽시다

시골에 집짓고 삽시다

BRAINstore
브레인스토어

시골에 집짓고 삽시다

초판 1쇄 펴낸 날 2008. 4. 25
초판 3쇄 펴낸 날 2011. 5. 13

지은이	이광식
발행인	홍정우
편집인	이민영
디자인	문인순
발행처	브레인스토어
등록	2007년 11월 30일(제313-2007-000238호)
주소	(121-841)서울시 마포구 서교동 465-11 동진빌딩 3층
전화	(02)3275-2915~7
팩스	(02)3275-2918
이메일	brainstore@chol.com

ⓒ 이광식, 2008
ISBN 978-89-960508-1-0(13540)

값은 뒤표지에 있습니다.
잘못 만들어진 책은 구입하신 서점에서 바꾸어 드립니다.

| 머리말

강화도 서쪽 끄트머리 산속에 자리를 잡고 산 지도 벌써 8년째로 접어든다.
서울 생활을 접고 산속으로 들어온 것이 엊그제 같은데 벌써 8년이라니, 참 가는 세월 빠름을 실감하겠다. 우리 인생도 다 지나가면 대충 이러려니 싶다.

그래도 산속의 세월은 아름답다. 봄이면 봄, 여름이면 여름, 사계절이 제각각 다른 얼굴로 왔다가 사라지니, 그런 것들을 지켜보는 것만으로도 마음은 한없이 푸근하고, 이런 아름다운 세상이 어디에 다시 있을까 싶어 가슴 뭉클해지는 때가 적지 않다.

이런 자연 속에서 살면서, 지난봄에는 비 새던 헌집을 허물고 다시 새집을 짓는 호사까지 누렸다.
스스로 살 집을 짓는다는 것은 사실 엄청난 일임에 틀림없다. 돈과 시간도 그렇거니와, 또 건축업자와의 실랑이 등 그 신경 쓰임이 보통 일은 아닌 것이다. 그래서 사람들은 집 한 채 지으면 10년은 늙는다느니, 머리가 하얗게 센다느니 하지 않는가.

그래도 나는 그런 마음고생 하나 없이 집 짓는 석 달 열흘 동안 마냥 즐겁고 재미있게 구경하면서 지냈으니, 참 운이 억세게도 좋은 편인가

보다. 게다가 갖가지 건축자재와 집이 지어지는 과정들을 지켜보면서 사진을 찍고 기록을 남겨둔 것으로 책까지 내게 되었다. 그리고 덤으로 집짓는 데 참여한 많은 사람들을 사귀게 되었다.

집은 1층은 옹벽조 26평, 2층은 경량철골조 22평으로 지었기 때문에 두 방식의 주택건축을 함께 볼 수 있는 이점이 있었다. 물론 많은 이들이 전원주택으로 나무집이나 황토집을 선호하지만, 우리는 이 방식이 가장 경제적이고 효율적이라는 결론을 내렸기 때문이다. 그 자세한 내역은 본문 중에 다 나오니, 여기에서는 이 정도로만 언급하기로 하자.

어쨌든 이 책을 내게 된 동기는 보통 어렵게만 여기는 집짓기, 그것도 시골에서의 집짓기를 어떻게 하면 쉽고도 값싸게 할 수 있는가, 먼저 경험한 사람으로서 비슷한 소망을 품은 사람들과 그것을 함께 나누고자 하는 마음에서였다.

누구나 짐작하겠지만, 집을 짓는 데는 곳곳에 여러 난관들이 버티고 있다. 하지만 어느 정도의 예비지식을 갖추고, 자신이 과연 어떤 집에서 살고 싶은지를 스스로 구체적으로 알고, 또한 그에 걸맞은 적절한 건축업자를 선정하여 함께 힘을 합하여 일을 추진해나간다면 꼭 그렇게 어려운 일만은 아니라고 생각한다.

대부분의 사람들이 크게 어려운 일로만 여기는 시골에 내려와 집짓기를 먼저 경험한 사람으로서, 이 책을 다 읽은 후에는 시골에서 집짓기가 그리 어려운 일만은 아니라는 위안과 용기를 얻게 된다면, 그리고 알고 싶어 했던 실용적인 내용들이 조금이나마 도움이 되었다면 글쓴이로서 더 이상 바랄 게 없겠다.

마지막으로 이 자리를 빌어, 무사히 집짓기를 마칠 수 있도록 도움을 주셨던 모든 분들께 진심 어린 감사의 마음을 전하고 싶다. 떡과 음료수를 들고 수시로 방문해주었던 다정한 이웃들, 또한 먼 길 마다 않고 달려와 집의 구석구석을 카메라에 담아주었던 사진가 김홍희 선생께도 심심한 고마움을 전한다.

무엇보다 우리 가족이 깃들어 살기에 부족함이 없는 편안한 집이 완성되기까지는 작업현장에서 언제나 묵묵히 정성과 땀을 쏟아주었던 이들의 크고 작은 노력이 있었기에 가능했던 일이다—'여러분은 정녕 멋지고 아름다운 사람들이었습니다. 여러분의 노고로 이루어진 집에서 산다는 마음을 늘 지니고 기꼐습니다. 고맙습니다.'

2008년 이른봄, 강화 향유재에서
지은이

CONTENTS

머리말 5

1 집짓기도 기운이 있을 때 하자

타는 노을과 보랏빛 향유꽃 13 기왕 지을 집, 더 늙기 전에 짓자 16
탁구대와 철봉, 포켓볼 당구대 18 연건평 60평 이상은 피해야… 20
1층은 옹벽조, 2층은 철골조로 간다 21 땅에도 종류가 있다 23
대지의 요건들 27 건폐율·용적률 이야기 28

2 집짓기 대장정에 들어가다

새봄에 옛집을 헐다 37 굴삭기의 달인 40
5층 건물이 올라가도 끄떡없을 겁니다 45 거푸집 작업 48
일은 재미로 해야… 50 레미콘-철근 이야기 52 흙되메우기 작업 54
1층 거푸집 작업 57 신통한 도구, 거푸집 61
마을에 중계되는 공사상황 63 1층 슬래브 완성 65
1층 '통 공구리'를 치다 67 공사장 앞에 벌어진 지하수 천공 작업 72
깨끗한 작업장 75 콘크리트가 잘 여물었네 78

3 옹벽조와 철골조의 만남

1층은 시멘트 나라, 2층은 쇠 나라 89 철제 대들보를 위한 상량식 93
주택건축의 2대요소는 기초와 전기 95 샌드위치 패널 이야기 98
패널로 기와지붕 추녀 곡선 뽑기 100 드라이비트 이야기 103
내 전생은 불목하니 105 왜 반자를 대는가? 109
지붕 마감재가 기와로 바뀐 사연 112 최선을 다하는 사람이 아름답다 117
높다랗고 시원한 천장 125 참숯의 위력 129

4 아름다운 공간을 창조하는 사람들

내장 작업은 총력전으로 141 창문 이야기 146 드라이비트와 파벽석의 만남 148
아름다운 레드 파인 루버 151 일손 많이 가는 배관작업 155
합판과 스티로폼 이야기 159 난방용 파이프 깔기 162 처마반자는 사이데온으로 165
엄격한 정화조 설치 규정 167 계획에 없던 석축쌓기 170 아트월 만들기 175
타일 명장名匠 178 아름다운 공간 창조자 타일 일꾼 182
공사 중 처음 일어난 안전사고 186 목수 이야기 188 배관공사 끝 192
옛날 대문과 히노키 욕조 194 막바지 총공격 작업 199
나무를 숨쉬게 하는 천연도료–하드 오일 204 데크 이야기 206
집을 돋보이게 하는 데크 209 마루처럼 꿀렁이는 강화마루 218

부록

[토지거래 허가구역] 제도 230
토지거래 허가구역 지정현황 232
주거지역별 건폐·용적률 235

1

집짓기도 기운이 있을 때 하자

타는 노을과 보랏빛 향유꽃

겨울 추위도 어지간히 누그러진 2월 중순, 화창한 맑은 날에 집 철거 작업에 들어갔다.

수년래 아내의 숙원사업이 드디어 첫 삽을 뜨게 된 셈이다.

이 집에서 산 지도 어느덧 여섯 해. 우연히 강화도로 집 구경을 왔던 것이 계기가 되어 그 자리에서 계약을 결정하고 그냥 눌러살게 된 집이다. 처음 집터를 한 바퀴 둘러보고는 아내에게 말했다.

"여보, 우리 여기서 살다가 죽자."

아내는 그러자고 선선히 말했다.

저녁 무렵이었고, 멀리 보이는 바다 건너 석모도 산 위로 박꽃빛 노을이 눈부시게 빛나고 있었다. 집은 제법 큰 산을 등지고 4부 능선쯤에서 정서향으로 앉아 있었다. 이웃이라고는 노부부가 단둘이 사는 농가 한 채뿐인, 참으로 고즈넉한 산속 집이었다.

집은 건평 25평 정도의 단층 건물로, 외벽은 붉은 벽돌을 감았고, 일자 지붕에 아스팔트 싱글을 씌운 전형적인 조립식 건물이었다. 방은 2개, 넓은 거실을 갖고 있었다. 한눈에 팔기 위해 대충 지은 집이란 걸 알 수 있었다. 방 2개 중 하나는 나중에 건물 뒤편에 가건물처럼 달아낸 것이고, 본체에는 원래 작은 문간방 하나와 화장실, 주방이 전부다. 나머

포구 너머 석모도 산 위로 보이는 저녁놀.

지는 덩그러니 큰 거실이 다 차지하고 있다. 물론 문짝이나 다른 자재들도 모두 싸구려 티가 풀풀 나는 것들이고.

하지만 나는 대만족이었다. 무엇보다 내 마음에 든 것은 거실의 큰 유리창 앞에 앉아서 멀리 노을지는 서녘 하늘을 원 없이 바라볼 수 있겠다는 점이었고, 아내의 마음에 든 것은 숲이 둘러싸고 있는 집 주위로 보랏빛 향유꽃이 군락을 이루며 지천으로 피어 있다는 점이었다.

이 집은 산의 4부 능선쯤에 놓여 있는데, 나중에 안 사실이지만 산이름은 따로 있는 건 아니고 이곳 사람들이 그냥 봉바우산이라고 부른다. 산 정상 부근에 큰 바위 무더기가 있어 아마 그렇게 불리게 된 모양이다. 산 무더기는 제법 큰 편인데, 봉바우산 뒤쪽으로는 해발 338m의 퇴모산이 앉아 있고, 또 그 뒤로는 446m의 혈구산이 높이 솟아 있다. 강화도에서 가장 높은 마리산이 448m이니, 그보다 겨우 2m 낮은 고봉이다. 이 집 뒷산인 봉바우산은 그러니까 이들 큰 산괴의 새끼산인 셈이다. 어쨌든 나는 바다를 좋아하고 아내는 산과 숲을 좋아하니, 이 집은 두 가지 덕목을 다 갖춘 셈이다.

우리 부부는 사실 여러 해 전부터 강화도 구석구석을 돌아다니며 적당한 시골집을 찾고 있던 중이었다. 때로는 강원도 횡성, 평창까지 나가 보기도 했다. 하지만 입에 맞는 떡이 없다고, 적당한 집 찾기란 쉬운 일이 아니었다. 텃세가 심한 시골이라 너무 마을 한복판에 있는 집도 곤란하고, 대지가 너무 큰 것은 돈이 없어 안되고, 게다가 생활근거가 서울에 있기에 서울에서 너무 떨어진 곳도 고려 밖이라, 이래저래 시골살이가 우리 부부에게는 그림에 떡처럼만 느껴졌다.

그래도 우리 부부는 시간만 나면 강화를 찾았다. 해안도로를 달리면서 보는 경치도 시원할뿐더러, 운 좋으면 황홀할 정도로 아름다운 저녁놀도 볼 수 있었다. 또 강화는 역사 유적도 많고, 갯벌이 넓어 수많은 철새들이 찾는 곳이기도 하다. 그래서 여러 차례 망원경을 들고 탐조를 하러 오기도 했었다. 한번은 엄청난 태풍이 올라온다는 뉴스를 듣고, 대풍부는 바다를 보려는 욕심으로 컴컴한 새벽에 서울 집을 출발, 강화 선수포구 산길에다 차를 세우고 바다를 보며 태풍 상륙을 기다렸던 적도 있다. 그러나 태풍이 저 아랫녘 태안반도쯤에서 진행방향을 꺾어 내륙으

마당에 핀 향유꽃.

로 지나가버린 바람에 우리의 모처럼의 장도는 허사로 끝나고 말았다. 또 아내를 처음 만나 연애하던 시절 맨 처음 야외라고 찾아나섰던 곳도 강화였던만큼 이래저래 강화는 우리 부부와는 인연이 깊은 곳이다.

우리 부부가 이 외포리 산속에 있는 집을 처음 보고 그 자리에서 결정했던 것도 이런 인연들이 켜켜이 쌓여 있었던 탓이 아닐까 싶다.

기왕 지을 집, 더 늙기 전에 짓자

우리는 곧 이 집을 계약했고, 그로부터 얼마 후 강화 시골집살이에 들어갔다. 집 앞으로는 내가면 시장으로 이어진 좁다란 산길이 지나고 있지만, 지나다니는 사람이라고는 하루에 몇 명 되지 않을 정도로 한갓진 곳이다. 봄이면 밤새 소쩍새 죽으라고 울어쌓고, 겨울이면 부엉이 부엉 붱 울어 더없이 고즈넉한 기분을 자아내는 곳. 여기서 우리는 여러 해를 참으로 유유자적하며 살았다.

그런데 원래 집이 워낙 날림으로 지어진 탓에 장마 때면 지붕이 새고

방비닥에서 물이 올라왔다. 윗집 힐머니 말로는 원래 이 집터가 물꽝이라고 한다. 계곡에 자리잡은 탓이다. 마당의 지하수 파기도 서른 자를 채 파지 않아 물이 솟구쳤다고 한다. 그런데도 기초를 허술하게 했으니 장마철이면 방바닥에서 물이 배어나오는 것이다. 방수처리가 전혀 되어 있지 않은 집이었다. 지붕에서도 물이 샜다. 그래서 천장이 온통 얼룩 투성이다. 지붕에 방수 도료를 여러 차례 바르고 방수포를 덧씌워도 계속 천장에서 물이 줄줄 샌다. 어디서 새는지 종잡을 수가 없다.

몇 해를 별 불평 없이 살아오던 아내가 어느 날 느닷없이 집 신축 문제를 입에 올렸다. 번거로움이라면 질색을 하는 내 성격을 누구보다 잘 아는 아내인지라 아마 무던히도 참다가 용기를 내어 말한 것이리라. 물론 나는 한마디로 '불가'를 외쳤다. 천장이 샌다 해도 일년 내내 비가 오는 것도 아니요, 방바닥 물은 신문지를 몇 차례 깔아내다 보면 장마가 끝나지 않느냐, 왜 멀쩡한 집을 허무느냐, 등등이 나의 불가 이유였다.

또 그 이면에는 몇 해 전 할아버지를 먼저 떠나보내시고 홀로 된 윗집 할머니가 마음에 걸렸던 탓도 있었다. 할머니는 20대 새댁 시절부터 살던 흙벽 집에서 50년 넘는 지금까지 살고 계신다. 벽의 흙은 온통 떨어지고 좁은 집이 불편하여 수리를 하려 해도 집이 워낙 낡아 어떻게 손써볼 도리가 없다고 한다. 그런데 우리만 좀 편하려고 집을 신축한다는 것이 영 죄송스럽고 내키지 않는 노릇인 것이다. 그런 뜻을 아내에게 내비쳤으나, 아내는 그런 면이 없지 않으나, 그것은 또 다른 문제라는 의견이다. 할머니와 친하기로는 나보다 더하지만 여자의 셈법이란 남자와는 좀 다른 모양이다.

어쨌거나 나의 불가 방침은 그리 오래 가지 못했다. 한 방울 낙수가 바위를 뚫는다는 말과 같이 가끔씩 꺼내드는 아내의 신축 카드에 나는 이내 항복하고 만다. 언제 지어도 한 번은 다시 지어야 할 집인데 더 늙기 전에 짓자는 아내의 말에 정작 마땅히 반대할 명분도 없었다. 더욱이 성가심을 싫어하는 나의 성격을 잘 아는 아내가 내게 항복을 받아내는 일은 식은죽 먹기나 다름없다. 이 일에서 이미 승부는 진작부터 나 있었던 셈이다.

"알았어. 그래, 짓자. 짓자구."

탁구대와 철봉, 포켓볼 당구대

그런데 나라고 속셈이 전혀 없었던 것은 아니었다.

2층 베란다를 좀 넓게 뽑아 탁구대 하나를 놓을 수 있겠다.

1층 거실을 더 넓혀 포켓볼 당구대를 놓자. 마당에는 철봉과 평행봉도 하나 세우고.

새로 집을 짓는 인륜지 대사에 요 정도의 잇속 챙기기로 '불가'에서 입장을 싹 바꾸었다는 점이 좀 멋쩍기는 하지만 어쩌랴, 내게는 그 점이 가장 솔깃한데야.

무엇보다 탁구는 운동을 싫어하는 아내에게 운동을 좀 시킬 수 있는 거의 유일한 종목인 것이다. 운동 좀 하라면 숨쉬기 운동 하잖아요 하며 들은 체도 하지 않는 아내이지만, 탁구 치는 것은 무척이나 좋아하기 때

우리가 7년 동안 살았던 옛집. 이사온 이듬해라 나무가 없어 휑뎅그레하다.

문이다. 그리고 당구대는 나의 오랜 목마름이라 할 수 있다. 젊은 시절 한두 번 당구장에 따라가 본 적이 있긴 하지만, 본격적으로 쳐본 적은 한 번도 없었다. 어릴 때 구슬치기야 엄청 했지만. 그런데 당구를 제대로 치기까지는 시간뿐만이 아니라, 만원 지폐를 당구대 위에 두껍게 깔아야 할 만큼 돈이 든다는 말에 나는 지레 포기하고 말았다. 가난을 군번 목줄처럼 목에 걸고 다니던 나에게 그것은 말도 안되는 사치였기 때문이다.

어쨌든 이런 아내의 '당당한' 명분과 나의 알량한 속셈이 맞아떨어져 마침내 그 어마어마한 집짓기 대역사를 벌이기로 우리 부부는 그다지 어렵잖게 합의를 보았다.

여기서 이처럼 '쉽게' 합의에 이른 이면에는 또 하나 큰 요소가 있었으니, 그것은 강화에 온 후 오래 교분을 맺어온 건축가 박상진 씨라는 존재가 있었기 때문이다. 그는 강화읍내에 '일신건축'이라는 이름으로 사무실을 내고 있는데, 주로 강화 안에서 개인주택이나 상가, 창고, 축사 같은 건물들을 짓고 있다.

원래 우리 집은 단층집이었는데, 아랫마을에서는 2층집으로 통하게 된 것은 지붕 위로 작은 다락방을 올렸기 때문이다. 물론 바다와 저녁놀을 더욱 맘껏 보기 위해서였다. 이사 온 지 얼마 안되어 다락방 공사를 시작하게 되었는데, 그 공사를 한 사람이 바로 박상진 씨였다. 그는 강화 토박이로, 사람이 무척이나 소탈할뿐더러 의협심이 강한 성격의 40대 중반 남자다. 이 사람에게 공사를 맡기면 내가 끔찍이도 싫어하는 업자와의 밀고 당기기, 실랑이 같은 고역을 치르지 않고도 무난히, 게다가 즐기면서 집을 지을 수 있겠다고 생각했던 것이다.

▌연건평 60평 이상은 피해야…

처음 우리가 생각했던 건물은 지하 1층 25평, 지상 1층 25평, 2층 10평, 연건평 60평의 스틸하우스였다. 60평으로 한 것은 그 이상 평수면 허가사항이 되기 때문이다. 허사사항이 되면 관에 제출한 설계도면대로 100% 정확하게 지어야 한다. 도중에 설계변경이 있을 때는 다시 도면을 제출하고 허가를 받아야 하고. 그런데 60평 이하면 집을 짓다가 변경이 필요할 때 마음대로 바꿀 수가 있다. 집이란 게 짓다 보면 처음 작정한 대로 지어지지 않고 이리저리 바꾸게 마련이라 한다.

이 '60평 스틸하우스'는 여러 차례 박 사장과 의논을 거친 후에 내려진 결론이었지만, 이 계획은 이내 수정되었다. 지하 25평은 보일러실과 창고, 탁구, 당구 등 운동공간을 넣기 위함이었는데, 투자되는 건축비에 비해 효용성이 적다고 본 것이다.

그래서 최종적으로 결정된 것은 1층 26평, 2층 20평, 연건평 46평의 2층집이었다. 2층에 작업실 겸 서재, 안방, 작은방을 넣어 주생활 공간으로 삼기로 했고, 10평 가까운 2층 베란다에 탁구대 하나를 놓기로 했다. 그리고 1층은 주방, 큰방 하나, 거실 하나를 넣고, 거실 한쪽에는 포켓볼 당구대를 놓기로 했다. 박상진 씨에게 부탁해 마당 한켠에는 철봉과 평행봉대를 세워달라고 했다. 그는 "그 까짓 건 일도 아니죠" 하며 "농구 골대도 하나 세워드리죠" 하며 흔쾌히 응낙했다. 나는 항상 시원시원하며 자신감 넘치는 이 사나이가 마음에 든다.

1층은 옹벽조, 2층은 철골조로 간다

자, 그럼 집은 어떤 형식으로 지을 것인가? 콘크리트로 가느냐, 조적으로 가느냐, 아니면 전체 철골조로 가느냐? 그 장단점을 두루 비교 검토한 끝에 우리는 그 절충형을 취하기로 의견을 모았다. 물론 박 사장의 제안이었다. 그래서 건축형식은 1층은 옹벽조, 2층은 경량철골조, 곧 조립식으로 짓기로 했다. 그것이 가장 경제적이고 효율적이라는 것이 박상진 씨와 의견이었다. 스틸하우스로 갈 때의 단점은 H빔 철제가 벽 모서리에서 튀어나와 불편한 점이 있다는 것이다.

그밖에도 이 형식의 주택이 갖는 장점을 간단하게 정리해본다면, 먼저 그 내구성을 들 수 있다. 조립식이나 조적조의 내구연한을 약 20년 정도로 보는 반면, 철근 콘크리트 조는 약 40년을 본다는 것이다. 그리고 1층을 이 옹벽조로 하고 2층을 경량철골로 하면, 1층의 옹벽조 자체가 튼튼한 기초가 되어 건물의 견고성을 높일 수 있고, 2층의 경량철골은 조립식 주택의 장점인 뛰어난 단열성을 확보하는 2중의 장점을 동시에 취할 수 있다는 것이다. 게다가 조립식은 건축 단가가 옹벽조에 비해 20% 이상 쌀 뿐만 아니라, 공사기간도 훨씬 짧다.

이런 여러 가지 장점 때문에 1층 옹벽조, 2층 경량철골조의 건축형태를 채택한 것인데, 집을 지으면서 보니 한번에 옹벽조와 조립식 건물 두 가지를 다 경험해볼 수 있다는 색다른 재미를 덤으로 누릴 수 있어 좋았다.

담보나 매매 등을 고려하여 건물의 가치를 따질 경우, 가장 상위의 건물은 H형강으로 짓는 철골조이다. 물론 취득세나 재산세도 가장 많이 나온다. 그 다음으로는 흔히 옹벽조로 불리는 철근 콘크리트조, 조적조, 블록조, 경량철골조(조립식), 목조, 흙집 순이다. 사실 목조집이나 흙집 등의 건축비는 조적조나 블록조보다 더 들게 마련이라지만, 세법이 그렇게 되어 있다고 한다.

대체적인 건축비는 평당 3백만 원 정도로, 모두 약 1억 4천. 베란다, 석축, 건물철거, 매립 흙(성토) 등을 위한 부대경비가 약 3천 정도로 추산되었다.

건축비는 일단 약간의 여유자금과 대출로 충당해보기로 했다. 농협의 '농가주택 개량자금 융자제도'가 있긴 하지만, 그것은 주소득원이 농업이어야 할 뿐 아니라, 30평 이하의 건축일 때만 주어지는 혜택이라 우리에게는 해당사항이 없다는 것이다.

땅에도 종류가 있다

시골에서 집을 지으려면 가장 중요한 사항이 집지을 대지垈地이다. 그러나 아무 땅에나 집을 지을 수 없다는 것은 상식이다. 땅이라 해도 다 같은 땅이 아니라 종류가 있기 때문이다. 그것을 규정한 법률이 바로 2003년 1월 1일자로 시행된 '국토의 계획 및 이용에 관한 법률'이다. 이 법에 따라 종래 도시, 준도시, 준농림, 농림, 자연환경보존지역 등 5개로 구분되던 용도지역 중 준도시, 준농림지역이 관리지역으로 통합되어 4개로 축소되었다.

그런데 시골에서 집을 지을 경우 건축행위가 가능한 땅의 종류는 지목이 대지이거나 관리지역(예전의 준농림지역)이 되는 셈인데, 관리지역 중에도 주택을 지을 수 있는 땅과 없는 땅이 있다. 관리지역이 다시 계획·생산·보전관리지역으로 세분되기 때문이다(상자기사 참조).

도시 근교의 녹지지역에 터를 잡고 싶다면, 땅을 구입해서 형질을 변경하고 집을 지을 수 있다. 여기서 녹지지역이란 용도지역 4개 중 도시지역의 지목 중 하나로서, 자연환경·농지·산림의 보호, 보건위생·

| Tip

지목과 관리지역

　지목地目이란 이름 그대로 토지의 주된 사용목적에 따라 토지의 종류를 구분하여 표시하는 명칭으로, 토지등기부에 등기할 사항이다. 지목에는 대지·잡종지·전답·과수원·목장용지·임야·광천지鑛泉地·염전·대垈·공장용지·양어장 등이 있다.

　원칙적으로 토지 소유주가 일정한 절차를 거쳐 지목을 변경할 수 있으며, 단 그럴 경우 지목 변경에 따른 개발 부담금을 내야 한다.

　용도지역이란 도시계획구역 안에서 토지의 효율적인 이용과 공공복리 및 도시기능의 증진을 도모하기 위하여 도시계획으로 건설교통부장관이 지정하는 지역을 말한다. 말하자면, 그 토지에 대해 정부의 행정적 계획제한이 걸려 있음을 뜻한다. 즉, 정부에서 그 토지를 A와 같은 용도로만 사용하라는 것으로, 이것을 변경하는 것은 정부의 토지정책이 변경되거나, 특별한 사유(다른 용도로 사용하는 것이 월등히 우월하다거나 하는 것)로 그와 같은 용도가 잘못되었다는 것을 증명한 후 심의 등을 거쳐야 변경이 가능하다. 도시와 농촌의 토지가격은 대체로 이 같은 토지의 용도에 따라 형성된다고 볼 수 있다.

　용도지역으로는 도시·관리지역·농림·자연환경보전지역 등 4개가 있다. 예전에 준농림지역이라고 불렀던 땅은 관리지역으로 분류되었다.

　이 관리지역이 시골에서 집짓기를 희망하는 사람들의 관심을 끄는 것은 전용허가나 형질변경을 통해 언제든지 건축이 가능한 대지로 지목을 바꿀 수 있기 때문이다. 그런데 관리지역이라 해도 모두 똑같은 것은 아니다. 보전·생산·계획관리지역으로 세분화되고, 그 나름대로 쓰임이 다르다. 토지적성평가에 따라 나뉘어지는 관리지역 중 1, 2등급은 보전관리지역, 3등급은 생산관리지역, 4, 5등급은 계획관리지역으로 편입된다.

• **보전관리지역** 자연환경보호, 산림보호, 수질오염보호, 녹지공간 확보 및 생태계 보전 등 보존이 필요하나, 주변여건상 자연환경보전지역으로 지정관리가 곤란한 지역이나 준농림 내 촌락이 형성되어 있지 않은 얕은 산지 등 준농림 중 자연환경이 잘 보존된 지역이다. 기존 준농림의 50% 정도가 이에 해당하며, 건폐율 20% 이하, 용적률 80% 이하로 단독주택이나 초등학교 건축이 가능하다.

• **생산관리지역** 농업·임업·어업생산 등을 위해 관리가 필요하나 주변여건상 농림지역으로 지정관리하기가 곤란한 지역으로, 소규모 농어촌지역, 취락지구로 지정이 안되는 농어촌지역이다. 기존 준농림의 30%가 이에 해당할 것으로 보인다. 건폐율 20% 이하, 용적률 80% 이하로 단독주택, 초등학교, 소매점(330평 미만), 창고시설(농·축·임·수산업 관련) 등을 지을 수 있다.

• **계획관리지역** 도시지역으로 편입이 예상되는 지역(대도시 주변 반경 40km 이내)이나, 또는 자연환경을 고려해 제한적 이용·개발을 하려는 지역으로, 계획적·체계적 관리가 필요한 지역이다. 기존 준농림의 20%가 이에 해당된다. 건폐율 40% 이하, 용적률 100% 이하로, 단독주택, 운동장, 묘지관련시설, 제1종 근린생활시설(휴게 음식점 제외), 제2종 근린생활시설(제조업소·일반음식점·단란주점 제외), 의료시설(종합병원·병원·치과병원·한방병원 제외) 등을 지을 수 있다. *

보안과 도시의 무질서한 확장을 방지하기 위해 노지의 보전이 필요한 지역으로 지정된 곳이다. 전체 도시구역의 76%가 포함되는 녹지지역은 다시 보전녹지·생산녹지·자연녹지지역으로 분류되며, 그린벨트도 일부 포함된다. 녹지지역의 90% 이상은 제한적인 개발이 가능한 자연녹지 지역이다.

- **보전녹지지역** 도시의 자연환경·경관·산림 및 녹지공간을 보존할 필요가 있는 지역.
- **생산녹지지역** 주로 농업적 생산을 위해 개발을 유보할 필요가 있는 지역.
- **자연녹지지역** 도시 녹지공간의 확보, 도시확산의 방지, 장래 도시용지의 공급 등을 위해 보전할 필요가 있는 지역으로, 불가피한 경우에 한해 제한적인 개발이 허용되는 지역.

보전녹지의 경우에는 기본적으로 단독주택의 건축 및 주민생활에 필요한 최소한도의 시설만을 허용하며, 자연녹지의 경우에는 연립주택이나 다세대주택을 지을 수 있다. 자연녹지지역의 건폐율과 용적률은 각각 20% 이하, 100% 이하이다.

또 다른 고려사항으로는 지역에 따라 토지거래허가지역으로 묶여 있는 땅이 있다는 점이다. 이런 지역의 땅은 전세대가 현지에서 1년 이상 주거해야만 토지를 매입할 수 있는 자격이 주어진다. 물론 대지일 경우에는 상관없다. 또 어떤 지역은 신규건축을 할 때 군사동의를 거쳐야 하는 경우도 있다. 이런 점들을 잘 살펴보아야 낭패를 면할 수 있다.

대지의 요건들

대지에는 필수적인 요건이 몇 가지 따른다. 강화의 경우는 무엇보다 군사용의 지역인가를 알아봐야 한다. 그 다음은 길이 있는가, 곧 맹지盲地인가 아닌가 하는 것이고, 그에 못지않게 중요한 것이 생활용수 배수로, 곧 구거溝渠(도랑)가 있는가 하는 점이다. 기존 구거가 없으면 그 아랫집의 동의를 받아 구거를 연결해야 하는데, 구거문제를 해결하지 못하면 수천 평 대지도 무용지물이 되고 만다. 동의란 배수관을 묻을 토지의 사용 승낙서를 말하는데, 상대의 인감까지 받아야 하는 일이라 녹록찮은 난제라 하겠다. 예전에는 구거 문제가 그리 까다롭지 않았다고 하는데, 환경법이 강화되고부터 주택건축의 사활이 걸린 문제가 되고 말았다. 우리 집 주위에도 경관 좋은 대지가 있어 지주가 팬션을 짓겠다고 터 공사까지 모두 마쳤지만, 끝내 아랫집의 동의를 얻지 못해 계획이 무산되고 말았다. 조용한 동네 가운데 팬션이 들어서면 소란스러울 거라는 우려 때문에 한사코 동의해주지 않는 것이다.

다행히 우리 집은 기존 주택이 있는 곳이라 이런 문제들을 모두 피해갈 수 있었다. 게다가 이런 관공서 관련 서류 문제는 박상진 씨가 연결해준 세인설계의 김학경 씨가 도맡아 처리해주었기 때문에 나는 거의 신경을 쓸 필요가 없었다. 김 실장으로 통하는 그는 박 사장처럼 강화 토박이로 박 사장과는 형 아우 하는 막역한 사이다. 이 분야의 업무를 20년 가까이 해온 베테랑으로, 건축법에 아주 밝은 사람이다. 물론 건물 도면 작성도 그의 손에서 시작되고 마무리되었다. 이 모든 관공서 일과 열 번도 더 고친 도면작업, 여러 차례의 현장점검을 해주는 편의를 제공받았지만 비용은 백만 원 안쪽이었다. 평당 15만 원 안팎으로 설계도 하나에 수백만 원이 들었다는 얘기는 나에겐 먼 나라 얘기다. 나는 이래저래 인덕이 있는 편인가 보다.

건폐율·용적률 이야기

'건축'에 발을 들여놓기만 하면 늘 감초처럼 튀어나오는 말이 있다. 건폐율이니 용적률이니 하는 용어들이다. 알 듯하면서도 정확한 개념이나 실제를 잘 모르는 사람이 많다. 이 기회에 확실히 정리해보자.

먼저 건폐율이란 말뜻 그대로 '건물로 땅을 덮어씌우는 율'이다. 곧, 건물 바닥 면적이 전체 대지면적 중 얼마나 차지하느냐를 백분율로 나타낸 것이다. 예컨대, 건폐율 20% 이하라면 100평의 대지에 바닥면적이 20평을 넘어서는 안된다는 뜻이다. 물론 2, 3층을 올리는 것은 용적률에 적용되므로 무방하다.

용적률 역시 말뜻 그대로 용적, 곧 부피를 말하는 것으로, 여기서 부피란 연건평을 뜻한다. 100평의 대지에 용적률 80% 이하라면, 연건평 80평까지는 지을 수 있다는 말이다. 1~4층까지 각 층 20평씩 지으면 된다. 각 층 건평 비율은 물론 마음대로다.

건폐율을 제한한 목적은 대지 내에 최소한의 공지를 확보하여 충분한 조광·채광·통풍을 가능케 하고, 화재 때 각 건물 간의 연소방지 등을 위한 것이다. 건폐율은 용도지역에 따라 차이가 있는데, 일반 주거지역은 60% 이하, 공업 준주거지역은 70% 이하, 일반 상업지역은 80%

이하, 녹지지역은 20% 이하의 범위 안에서 군·구의 건축조례로 정하게 되어 있다. (자세한 비율은 권말 부록 참조)

참고로, 건물의 대지면적은 최소한도 규모 이상이어야 하고, 토지 분할 때도 마찬가지다. 각 용도지역별 대지면적의 한도는 전용주거지역 일반 및 근린상업지역, 준공업지역 생산녹지지역은 150㎡(3.3㎡=1평) 이상, 일반주거지역은 60㎡, 준주거지역은 70㎡, 보전·자연녹지지역은 350㎡ 이상으로 각 시·군·구의 건축조례로 정하게 되어 있다. (권말 부록 참조)

ⓒ김홍희

마당에 보이는 쪽마루는
보기 싫은 정화조·브로아를 가릴 겸
건조대로 이용하기 위한 것이다.

집의 앞과 옆을 두른 데크는
확실히 편의성에 더하여 집을 돋보이게 해준다.
가녀린 소나무는 나무 시장에서 사다 심은 것이다.

데크 아래 너른 마루는
정화조 위의 시멘트 바닥을 가린 것이다.
고추 등을 널거나 김장하는 장소로 이용되고 있다.

넙적한 돌들을 주워모아 만든 장독대.
옆에 봉지 씌운 것은 포도다.

2

집짓기 대장정에 들어가다

새봄에 옛집을 헐다

입춘 지난 지 열흘은 되었지만 여전히 바람은 쌀쌀한 2월 중순, 드디어 옛집 허물기 공사에 들어갔다. 날씨는 맑고 햇살은 따스한 기운을 머금고 있지만, 아직 신록이 나기엔 이른 때라 봉바우산 자락은 겨울 풍경 그대로다.

이삿짐은 포장이사를 불러 일단 창고에 보관하게 했고, 우리 부부는 집 지을 동안 묵을 곳으로 면소재지에 있는 팬션 방을 하나 잡아 간단한 짐을 갖고 들어갔다. 말이 팬션이지, 여인숙이나 별반 다를 게 없었다. 간단한 취사를 할 수 있도록 조그만 주방과 냉장고 하나가 딸려 있다는 게 다른 점이라면 다른 점일 정도였다.

공사현장과는 차로 약 5분 거리. 걸어도 20분이면 갈 수 있는, 오리 남짓한 거리다.

철거작업은 아침 일찍부터 시작되었다. 아침을 대충 차려먹고 여관방을 나서 현장에 도착해보니 고물상에서 나온 철거반 4명이 벌써 일을 하고 있다. 아치 철제 대문은 고물상의 큰손(차량에 장착된 대형 집게손)이 번쩍 들어올려 길옆 도랑에 처박아두었다.

보통 집을 철거할 때는 굴삭기가 동원되어 단숨에 건물을 무너뜨리고 건물잔해를 덤프차로 실어내가는 수순을 밟는데, 우리 경우에는 조립식 건물이라 재활용을 위해 패널(흔히 판넬이라 부르는 것) 등 철제를

7년 동안 살았던 정든 집이 벌써 형체도 없이 사라지고, 그 잔해 위에 엄청나게 큰 버마재비 같은 굴삭기가 큰 앞다리를 들고 버텨 서 있다.

뜯어내는 작업에 들어갔다.

고물상 쪽에서는 재활용이 가능한 자재들을 확보해서 좋고, 우리는 건축 폐기물을 줄여 비용을 절감하는 이점이 있는 것이다. 요즘은 건축 폐기물을 버리는 데 상당한 비용을 지불해야만 한다. 지붕과 벽체를 이루고 있는 패널과 철골들을 하나하나 뜯어내는 데 4명이 꼬박 사흘 걸렸다. 사용하는 장비라고는 배척(흔히 빠루라고 부르는 것으로 노루발못뽑이라고도 함) 한 자루와 산소 용접기가 전부다.

이들 개미처럼 부지런한 철거반 4명이 사흘 만에 우리가 살던 집을 형해만 남기고 깡그리 해체하고 말았다. 박 사장의 말로는 이들 덕분에 약 2백만 원의 해체·폐기물 처리비용이 절감되었다고 한다. 우리는 비

바닥 다지기가 끝난 후 목수와 대화를 나누는 세인설계의 김 실장.

용을 절감해서 좋고 이들은 또 자재를 재활용할 수 있게 하니, 이들이야말로 환경보호의 역군이자 애국자가 아닌가 싶다.

그런데 이날 아침 나는 다락으로 올라가는 계단을 오르다가 꼭대기에서 추락하는 사고를 당했다. 벽체에서 분리되어 있는 계단이 나의 체중을 못 이겨 벽에서 미끌어지고 만 것이다. 계단과 함께 바닥으로 콰당 떨어진 바람에 엉덩이를 계단 옆판 모서리에 심하게 찧었다. 순간 눈앞이 빈쩍했다. 그 와중에도 안경이 깨어진 것이 아닌가 하는 생각이 스쳐지났다. 다행히 안경은 멀쩡했지만 엉덩이에 심한 통증이 느껴졌다. 추락한 높이는 약 1.5m. 그야말로 갈릴레이의 자유낙하를 몸소 체험한 셈이다. 그 무거운 나무계단과 56kg의 가뿐한 내 육괴가 거의 동시에 지

집짓기 대장정에 들어가다 39

상에 낙하한 것을 보니, 역시 중력가속도는 낙하물체의 무게에 상관없이 일정하다는 갈릴레이의 자유낙하 이론이 맞는 모양이다.

덕분에 나는 이틀 동안 읍내 한의원에 다니며 침을 맞고 물리치료를 받아야 했다.

아내는 집 짓는 데 액땜한 것 치고는 그만한 게 다행이라고 했다. 역시 중력이란 무서운 것이다.

굴삭기의 달인

공사 4일째.

어제로 건물해체는 끝나고 오늘부터 굴삭기가 투입되어 건물파쇄에 들어간다. '포크레인 앞에서 삽질하기'처럼 흔히 포크레인이라 불리는데, 사실 포크레인은 프랑스 굴삭기 제조사 이름이라 한다.

아침부터 엄청난 바퀴를 단 굴삭기가 주걱삽을 휘두르며 벽체를 무너뜨린다. 이 굴삭기는 지름 2m에 가까운 타이어를 부착하고 있어 별도 운반용 트럭 없이 제 발로 이동하는 것이다. 게다가 파워가 대단하여, 그 크고 견고한 벽난로 굴뚝을 슬쩍 밀기만 했을 뿐인데도 힘없이 뒤로 나자빠진다. 붉은 벽돌로 둘러쳐진 벽체를 삽시간에 비로 쓸 듯이 밀쳐버린다. 정말 일도 아니다.

그 다음 작업이 더욱 흥미롭다. 굴삭기는 현장에 올 때 그 죽걱삽(디퍼)에 커다란 화강암 바위 하나를 담아 왔는데, 그 무게가 자그마치 2톤이나 된다고 한다. 이 엄청난 화강암 바위의 용도는 무엇인가?

기존 건물의 콘크리트 기초를 깨뜨리는 데 사용하는데, 주걱삽에 바위를 담아 5~6m쯤 높이 들어올린 다음 공깃돌 던지듯 떨어뜨리는 깃이다. 그러면 그 견고한 콘크리트 바닥이 여지없이 깨부서진다. 뿐만 아니라 벽돌 같은 건물잔해까지 가루가 되어 그대로 바닥에 다져진다. 별도로 잔해를 치우는 수고와 비용을 들이지 않고 기초를 다지고 높이는 데 활용하는 셈이니, 여러 가지로 이익이다. 건축 쓰레기를 모두 추려내고 하는 것이니 법에도 저촉되지 않는다고 한다.

2톤짜리 바위는 하루에도 수십, 수백 번 굴삭기의 주걱삽으로 들어올려져 바닥으로 자유낙하를 한다. 바위가 얼마나 단단한지 그 단단한 콘크리트와 수도 없이 박치기를 해도 모서리만 조금 모지라질 뿐 끄떡도 없다. 대단한 화강암이다. 바위 하나로 집터 다지기를 다 끝냈다고 해도 과언이 아닌 듯싶다. 일테면 '중력을 이용한 바위공법'이라 할 수 있겠다. 아무튼 집터 다지는 작업의 일등공신은 이 2톤짜리 화강암 바위였다.

그 큰 바위를 공깃돌 다루듯 하는 굴삭기 기사에 대해서도 한마디 하지 않을 수 없다. 흰머리가 약간 섞인 스포츠 머리의 중년으로, 강화 토박이인데, 송 사장으로 불리며 상비 경력 20년이 넘었다 한다. 같이 점심 먹으면서 들은 이야기로, 얼마 전에는 어느 사찰의 연못 옆에 10m 높이의 석축을 계단식으로 쌓는 작업을 이 굴삭기로 했다고 한다. 그런 높은 석축을 경사면이 가지런하게 쌓는 놀라운 내공을 갖고 있다는 말인데, 한마디로 굴삭기의 절정 고수라 하겠다.

기초 작업을 하는 목수. 나무로 둘러친 안쪽이 베란다까지 포함된 바닥면적이다(위). 터잡기 작업을 하는 목수(오른쪽).

그래서 여기저기 불려다니며 일을 하는데, 한 보름 전에 미리 예약해 두지 않으면 일을 맡길 수가 없을 정도로 인기 높다는 얘기가 되겠다. 강화에서 대규모로 땅을 파거나 축대를 쌓은 작업은 모두 이 기사님이 했다고 보면 된다는 것이 박 사장의 설명이다. 덧붙여, 큰 굴삭기 3대를 갖고 공사장을 다니며 일을 하지만, 술, 담배를 전혀 하지 않는다니, 참으로 '건실' 그 자체라 할 만하다.

기사의 말에 의하면 강화 안에도 수백 대의 굴삭기가 있지만, 그중 많은 기계가 일거리를 얻지 못해 쉬고 있다고 한다. 하긴 그 크고 둔중한

① 기초 공사를 위한 거푸집 작업. 바닥에 비닐을 깐 것은 시멘트가 흙으로 스며듦을 방지하기 위한 것으로, 그래야 시멘트 강도가 유지된다고 한다.
② 빈틈없이 비닐을 깔고 있다. 바닥 면적 26평이라지만, 이렇게 금 그어놓고 보면 손바닥만해 보인다.

③ 바닥에 격자식으로 촘촘히 깔리는 철근. 가장자리에는 특히 견고하게 하기 위해 19mm 철근을 둘러가며 깔았다.
④ 흙되메우기 작업.

굴삭기 삽을 젓가락질하듯이 섬세하게 다루는 모습을 보니, 숙련된 인력과 그렇지 못한 인력의 작업 효율성은 몇 배 차이가 날 것도 같다. 굴삭기 작업이야말로 어느 일보다 요령이 필요한 모양이다. 요령 없는 사람은 처음에는 진행이 빠른 듯하지만 갈수록 일이 늦어지고 마무리도 깔끔하지 못하다고 한다. 말하자면 머리 회전이 빠른 사람이 작업 효율성이 높다는 말이 되겠다. 그래서 중장비 업계도 사회의 여느 분야와 마찬가지로 빈익빈 부익부 현상이 어쩔 수 없이 나타나는가 보다.

좁은 공간 안에서 차체를 전후좌우로 자유자재 움직이며, 바위를 삽으로 주워담아 높이 들어올렸다 다시 떨어뜨리는 작업을 쉼없이 유려하게 해나가는 그의 굴삭기 조종술을 보면 감탄이 절로 나온다. 역시 어떤 일이든 고수의 솜씨는 아름다운 것이야.

공사 6일째.
오늘은 출근하는 날이라 현장을 볼 수 없었다.
저녁 퇴근길에 차를 몰고 가던 중 집 부근 도로에서 예의 굴삭기가 저 저 앞쪽에서 굴러오는 것을 보았다. 차로 스치며 얼핏 보니 그 고수 아저씨다. 작업을 끝내고 돌아가는 모양이었다.
현장에 와보니 과연 바닥 다지기가 완벽하게 마무리되어 있다. 계곡물 받이 맨홀과 토관도 매설되어 있다. 이로써 바닥 공사 준비가 다 끝난 것이다. 말하자면 집짓기 위한 '토목'에 꼬박 사흘 걸린 셈이다.

5층 건물이 올라가도 끄떡없을 겁니다

이른 아침에 빗줄기가 조금 뿌리다가 이내 개었다.

공사 8일째.
10시쯤 현장에 나가 보니 벌써 기초 철근 공사가 거의 마무리되어가고 있다. 아침에 비가 좀 와 어제 다진 바닥에 깔아놓은 비닐 위에 물이 좀 고여 있다.

박 사장의 말로는 바닥이 단단하지 않아 일반 기초공사에 비해 철근을 두 배 많이 들여 간다고 한다. 과연 철근이 격자씩으로 촘촘하게 깔려 있다. 철근 단면에 노란 페인트칠이 되어 있는 것으로 보아 고강도 철근이다. 보통 13mm짜리를 쓰는데, 가장자리 철근은 더 굵은 16mm 짜리다.

이 철근에도 여러 가지가 있어 알아둬야 할 필요가 있는데, 따로 상자 기사로 다루도록 하자.

오후 2시쯤 테두리 철근 세우기까지 끝마치니 얼마 안 있어 펌프 차와 레미콘 차 4대가 잇달아 들어온다. 펌프 차의 기다란 호스에서 죽 같은 레미콘이 뿜어져나온다.

새비있는 것은 호스의 작동과 레미콘 뿜기기 모두 리모콘으로 이루어지고 있다는 점이다. 펌프 차 기사가 리모콘을 들고 서서 마치 글라이더를 조종하는 사람처럼 리모콘을 조종하는 것이다. 4대분의 레미콘을 기초에 다 쏟아붓는 데 한 시간도 채 안 걸리는 것 같다. 인부들이 장화를 신고 들어가 가장자리로 죽 같은 레미콘을 다져넣는다. 또 긴 호스가

옹벽 속에 들어갈 철근을 엮고 있다(왼쪽). PVC 파이프가 서 있는 곳은 화장실, 세탁실이 들어갈 공간이다(아래).

15cm 간격으로 촘촘하게 깔리는 철근망(위). 펌프차에 레미콘을 공급하고 있다(오른쪽).

| 펌프차가 레미콘을 부을 준비를 하고 있다. 이 긴 팔은 리모컨으로 작동된다. | 코끼리 코 같은 긴 호스에서 레미콘이 뿜어져나온다. 이 호스를 사람이 이리저리 옮기면서 시멘트를 붓는다. |

달린 기계로 레미콘을 들쑤시며 다닌다. 물어보니 진동을 이용해 시멘트를 아래 빈 공간으로 가라앉히는 작업이라 한다.

바닥면적 26평 위에 레미콘이 거의 25cm 두께로 깔린다. 이것이 굳으려면 며칠 걸리고, 그런 다음 테두리 거푸집 작업에 들어간다고 설명해주면서 박 사장이 한마디 덧붙인다.

"이 정도 기초면 5층 건물이 올라앉아도 끄떡없을 겁니다."

무슨 일이든 기초가 중요한 법이다. 그런 뜻에서 우리 집은 첫 단추가 잘 꿰어졌다고 하겠다.

여기까지의 기초작업에만도 건물철거반, 포크레인 기사, 철근작업팀, 레미콘 팀, 전기, 배관 팀이 호흡을 맞추며 협력해서 일해야 한다. 이 조그만 집을 짓는 데도 이처럼 많은 사람들의 도움과 협력이 필요한 것이다. 사람살이에서 남의 도움과 협력이 없이는 할 수 있는 일이 거의 없는 것 같다.

두 손에 들고 있는 것이 진동기다. 레미콘을 들쑤시고 다니면서 다지는 작용을 한다.

작업은 5시에 끝났다. 숙련된 인력들이 호흡을 맞추어 효율적으로 일했기 때문에 일찍 끝난 모양이다. 박 사장의 조직력과 용병술을 보니 마치 오케스트라를 능숙하게 이끄는 지휘자를 보는 듯하다.

거푸집 작업

작업 10일째.

느지막이 10시쯤 나가 보니 벌써 거푸집 작업이 한창이다. 인원은 4명이지만 2명이 새 얼굴이다. 아마 거푸집 작업 전문인력인 모양이다.

그제 타설한 레미콘은 어느 정도 굳었다. 오늘 하는 거푸집 작업은 흙되메우기를 위해 바닥 가장자리에 테두리 벽 거푸집을 둘리는 작업이다. 이 작업은 비교적 간단해 점심때쯤 서의 끝나고, 얼마 후 펌프 차와 레미콘 2대가 들어와 바닥 벽체 타설작업이 시작되었다.

3시 좀 넘어 모든 작업이 끝나고 작업반은 철수했다. 다음 월요일에 흙되메우기 작업에 들어간다고 한다. 이 모든 작업이 집의 기초를 높이기 위한 것이다. 예전보다 1m 정도 바닥이 높아지는 셈이라 한다.

집짓는 과정을 지켜보는 것은 정말 재미있다. 공정이 진행되어감에 따라 그 변화가 눈에 띄게 바로바로 나타난다는 점이 특히 그렇다. 내 직업인 책 편집하는 일보다 훨씬 흥미진진하다.

벽체 타설작업. 가운데 펌프차 기사가 리모컨으로 호스를 조종하고 있다.

공사 11일째.

오늘은 기초 벽체 타설한 것이 마르기를 기다리느라 작업이 없다. 새벽녘에 약간 비가 뿌린 모양이다. 땅이 촉촉이 젖어 있다. 그래도 부지런한 박 사장은 아침부터 나와 파놓은 나무들을 우물 아래 밭에다 파묻느라 바삐 움직인다.

세인설계의 김 실장도 나와 마당가의 나무들 전지작업을 하고 있다. 김 실장은 나무에 대해 일가견이 있다는 말을 들었다. 키만 껑충하고 열매가 맺히지 않는 모과나무를 손질하고 있다. 제법 굵은 가지인데도 톱으로 아낌없이 잘라낸다. 그나저나 할머니 밭에다 나무들을 임시로 심어놓았는데, 걱정이 된다. 얼마 안 있어 감자를 심으실 텐데, 그때까지 나무들을 옮길 수 있을까? 등촌 칼국수 집에 가서 같이 점심을 먹고 헤어졌다.

일은 재미로 해야…

공사 12일째.

일요일, 날씨는 쾌청하다. 2월도 며칠 안 남아 바람에서 봄기운이 느껴진다.

10시쯤 작업현장에 나가 보니 아니나 다를까 박 사장 차가 서 있다. 이 사람은 집에서 쉬면 좀이 쑤시는 성격인가 보다. 아침 5시면 눈이 저절로 떠진다고 하니, 타고난 근면이다. 아침잠이 많아 늘 늦잠 자기 일쑤인 나로서는 부러운 체질이 아닐 수 없다. 며칠 전, 5시가 되었는데도 잠자리에서 일어나지 않고 있으니, 초등학교 1년생인 막내딸이 마구 흔들어대며 "아빠, 빨리 일 나가야지" 채근하더라면서 허허 웃었던 박 사장이다.

바람이 차가운데도 박 사장은 노루발을 들고 부지런히 움직인다. 기초벽체의 거푸집을 떼내는 작업을 하고 있다. 아침에 나와 보니 바람이 좋아 거푸집을 떼내는 중이라 한다. 그러면 콘크리트가 더 잘 마른다는 것이다. 원래 내일 할 예정이었는데, 나온 김에 하는 것이라며, "일은 재미로 해야지 돈 생각을 하면 일이 재미없어져요" 한다.

바닥면적 26평의 거푸집을 떼내는 데도 꽤나 시간이 걸린다. 오후 3시가 다 돼서야 일이 끝났다. 점심도 걸러가며 일을 하는 통에 시장기가 느껴진다. 그래도 마무리 정리까지 다 끝내고서야 연장을 내려놓는다. 인산저수지의 청국장 집에 함께 청국장 백반을 먹었다. 벽체 콘크리트가 마르기를 며칠 기다렸다가 흙되메우기와 기초 콘크리트 타설을 할 것이라 한다.

공사 16일째.

출근길에 현장에 들러봤더니 박 사장이 벌써 나와 있다. 영하 5도. 날씨도 찬데 무슨 일일까. 아직 다음 작업에 들어갈 때는 아닌데. 다가가 보니 시커먼 도료 같은 걸 기초 콘크리트에다 바르고 있다. 무엇이냐고 물으니 콜타르란다. 방수를 위해 바른다는 것이다. 집터가 물골 위에 자리잡고 있으니 완벽한 방수가 무엇보다 중요하다면서, 지금 바르는 것은 수용성 콜타르로, 한번 마른 후에는 물은 물론, 시멘트 미장도 안된다고 한다.

날씨가 추운데 오후에나 하지 왜 아침부터 고생하느냐니까, 더운 건 못 참지만 추위는 거의 타지 않는다는, 극히 '촌사람'스런 대답을 한다. 따뜻한 커피를 타서 한 잔씩 마셨다. 한결 추위가 누그러진 듯하다. 내일 기초에 흙되메우기 작업에 들어간다. 기초를 보다 단단히 하기 위해 석분이 섞인 흙을 들여올 거라 한다. 내일 다시 만나기로 하고 나는 출근길에 올랐다.

레미콘 – 철근 이야기

철근을 용도에 맞게 꺾어주는 작업. 정해진 각도가 자동으로 꺾인다.

레미콘과 철근은 옹벽조 건물을 짓는 데 필수적인 건축 자재이다. 여기서 말하는 옹벽이란 콘크리트 축대가 아니라 철근을 넣은 콘크리트 벽체를 말하는데, 대표적인 옹벽조 건축물이 바로 아파트이다. 우리 집을 짓는 데도 1층은 옹벽조, 2층은 경량식 철골, 곧 조립식 건물로 하기로 했는데, 각각의 장단점을 잘 조합한 결과 채택하게 된 형식이다.

옹벽조 건물을 짓는 바람에 뜻하지 않게 레미콘과 철근에 대해 여러 가지 재미있는 사실을 알게 되었다.

먼저 레미콘. 원래 이름은 레디 믹스트 콘크리트(ready - mixed concrete)라 하는데, 레미콘이라는 말은 뭐든 줄여 부르기를 좋아하는 일본인들의 만든 말이라 한다.

공사용 철근. 절단 부분의 노란색은 고강도 철근이란 뜻이다.

 레미콘 차는 우리말로 양회반죽차라고 한다. 시멘트와 자갈, 모래, 혼화제, 물을 용도에 따른 비율로 배합하여 믹서 트럭으로 운반하면서 계속 혼합하여 현장에서 타설하는 것이다. 물론 혼합비율에 따라 강도가 달라지는데, 여기서 복잡한 설명은 피하고, 일반주택에서는 강도 180, 벽체나 슬라브 용으로는 210짜리를 사용한다고 한다.
 중요한 점은 공장에서 레미콘을 실은 후 2시간 내에 타설해야 기대되는 강도를 얻을 수 있다는 것이다. 만약 레미콘이 언다면 강도가 현저히 떨어지므로 타설해서는 안된다. 그래서 레미콘 공장에서는 영하 5도 이하면 아예 물건을 내보내지 않는다고 한다.

 철근에도 여러 가지가 있었다. 모양에 따라 원형철근, 이형異形철근으로 나뉘는데, 원형철근은 그냥 둥그런 민짜 철근이고, 이형은 표면에 오돌도돌한 마디와 옆줄이 있는 것으로 우리가 건설현장에서 흔히 보는 것이다. 콘크리트와의 접착력을 높이기 위한 것이다. 굵기에 따라 10mm, 13mm, 16mm 등이 있는데, 길이는 대체로 8m짜리로 출고된다고 한다. 그리고 철근 단면에 흰색, 노란색 페인트가 칠해져 있는데, 노란색 철근이 고강도 철근이라는 것을 알았다. 물론 우리 집 기초 철근으로도 이 노란색이 사용되었다. 가장자리로는 특히 19mm짜리 철근으로 둘러쳐서 기초를 최대한 견고하게 하려고 힘썼다. 박 사장의 말로는 이 정도의 기초이면 5층 건물을 올려도 될 정도라고 장담을 한다.

또 한가지 짚어둘 점은, 흔하지는 않지만 시중에 중국산 수입 철근이 유통된다고 하는데, 이는 강도가 많이 떨어지는 싸구려라 하니, 반드시 조심해야 할 사항이라 하겠다.

흙되메우기 작업

공사 17일째.

아침부터 흙차가 들어와 마당에 흙을 부리고, 굴삭기가 기초 다진 데 올라가 흙을 퍼넣고 있다. 흙은 인근 양사에서 온 것이라 하는데, 아주 질이 좋은 마사흙이라 한다. 석분이 많이 들어가 있어 물빠짐이 좋고 단단하게 잘 다져지는 성질을 가졌다고 한다. 누런색을 띤 것이 보기에도 좋은 흙처럼 보인다. 이 흙으로 바닥을 되메우고 마당에 평평하게 깔아 지대를 전반적으로 높일 거라고 한다.

오늘 모두 15톤 16대분의 흙이 들어왔다. 깔아놓으니 마당이 운동장처럼 넓어 뵌다. 흙이 앞으로도 더 들어올 거라 한다.

나는 마당 아래 샘 가로 돌담을 쌓느라 땀을 뭐치림 흘리며 돌과 씨름했다. 할머니가 부치시던 우물 옆 밭을 매립하여 돋우기 전에 우물을 보호하기 위해서다. 암반에서 사철 맑은 물이 나오는 이 샘은 수백 년의 역사를 가진 것이다. 할머니는 마을에서 부근에 큰 샘을 파면 곧 물이 마를 것인데, 담을 쌓아 무엇 하려나 하시지만, 그래도 보존할 때까지는 보존해야 할 것 같아서다. 내일 몸살 나지 않을는지 모르겠다.

저녁 6시쯤 흙되메우기 작업이 다 끝났다. 내일은 바닥 상판 철근 작업과 레미콘 타설이 있을 거라 한다.

공사 18일째.
아침부터 기초 상판 철근 작업과 거푸집 작업이 시작되었다.
20전(센티) 콘크리트 타설을 할 것이라 한다. 기초 밑바닥은 25전 두께로 타설했고, 기초 벽체도 25전이다. 레미콘 차 3대가 들어왔고, 타설을 끝내니 오후 3시. 그런데 저녁이 되자 비가 추적추적 내리기 시작한다.

저녁 7시쯤 현장에 올라가 보니 벌써 박 사장 차가 들어와 있다. 비가 걱정되어 나온 것이라 한다. 박 사장 차에는 그의 부인과 초등생 두 딸, 설이와 송이도 타고 있다. 모두 나와는 초면이다. 딸들이 무척이나 귀엽게 생겼나. 박 사장은 가끔 밤에 현장에 나갈 일이 생기면 이처럼 더러 식구들을 모두 데리고 나온다는데, 아이들도 재미있어한다고 한다.

박 사장은 어디로 전화를 걸어 비닐을 사오라는 부탁을 한다. 콘크리트 타설을 한 데 비가 오면 곰보가 질 염려가 있어 비닐을 치려는 것이라 한다. 약간의 빗물은 콘크리트 양생에 별 지장이 없다고 한다. 볕이 좋은 여름에는 오히려 물을 뿌리거나 가마니로 덮어 너무 빨리 시멘트

흙되메우기 작업.

흙되메우기가 끝났다.

콘크리트 타설 후 비가 와서 비닐로 덮은 모습.

가 굳지 않게 하기도 한단다. 너무 빨리 굳으면 금이 가기 때문이다. 옹벽과 건물을 지으면서 콘크리트의 '양생養生'이라는 말을 많이 듣는다. 이게 바로 콘크리트를 제대로 굳히기 위해 물을 뿌리거나 가마니를 덮는 일이라고 국어사전에 풀이되어 있는데, 공사 현장에서는 그냥 콘크리트 굳히기로 통용되는 듯하다. 양생이란 어려운 말을 쓰는 것보다 '굳히기'라는 말을 쓰는 것이 좋을 듯싶다. 밤 10시까지 비닐 씌우기 작업을 끝내고 철수했다.

▎1층 거푸집 작업

공사 21일째.

기초에 타설한 콘크리트가 마르기를 기다려 어제 하루 쉬고 오늘 아침부터 1층 벽체 거푸집 작업이 시작되었다. 이번 작업은 이제껏 한 기초 거푸집 작업과는 달리 창과 문 자리 등을 만들면서 정확하게 이루어져야 하는만큼 시간과 인력이 훨씬 많이 투입되어야 한다. 그래서 철근 가공, 문틀, 창틀 짜기, 거푸집 대기 등에 7명의 인력이 호흡을 맞춰가며 일을 해나간다.

철근을 세우고 묶는 작업을 '철근 결사'이라는 어려운 말을 쓰는데, 차라리 철근 엮기라 하는 게 나을 듯하다. 이 엮기가 만만한 작업이 아니라, 2, 3명이 매달려 저녁 6시까지 쉴 새 없이 작업을 하여 겨우 끝맺을 수 있었다.

창이나 문 같은 곳에 댈 맞춤 거푸집을 만들고 있다.

거푸집을 고정시키는 걸쇠(타이핀).

철근 엮기 작업.

손지레 하나로 철근들을
능숙하게 고정시키는 일꾼들.

거푸집이 세워짐에 따라 창 자리, 문 자리가 하나하나 잡혀나가고, 큰방, 거실, 주방 등이 서서히 모습을 드러내는 게 재미있다. 일하는 분들은 대부분 연세가 높은 편이다. 가장 젊은 축이 40대 중반이고, 배근 작업을 하는 한 분은 머리가 희끗희끗한 모습이 60대 초반은 되어 보인다. 그래도 높은 지지대 위에 올라가 능숙하게 철근을 엮어가는 품이 여간한 내공이 아닌 듯싶다. 일하는 모습을 아래서 지켜보노라면 아슬아슬하게 보인다. 저분의 자녀들이 저렇게 일하는 아버지의 모습을 본다면 어떤 기분이 들까 하는 생각이 문득 든다. 그리고 저렇게 열심히 일하여 가족을 부양하고 자식을 키우는데, 자녀들이 엉뚱한 짓을 한다면 안타까운 일이 아닐 수 없겠다 하는 노파심 비슷한 생각까지 든다.

오후에는 전기 팀이 들어왔다. 안쪽 거푸집 작업이 끝나기를 기다려

① 거푸집이 점차 모양을 갖추어가고 있다.
② 전기배선 작업.
③ 창을 낼 부분에 거푸집을 고정시키는 작업.

들어온 것이다. 외등과 내부 조명, 콘센트 뽑기 등의 작업을 하는데, 콘크리트 타설시 콘센트 위치가 밀리지 않게 하기 위해 철근 조각을 용접해 붙이기도 한다. 이 전기 팀은 읍내의 은빛전기 소속으로, 그 사장이 바로 박 사장과 동창이라 한다. 강화에는 이렇게 거의 인맥으로 얽혀 있는 경우가 아주 많다. 철근 가공 담당도 역시 박 사장과 초등학교 동창이다. 강화 토박이라면 현재 강화에 사는 강화 출신들은 거의 이리저리 얽혀 다 알고 있다고 봐도 무방할 듯싶다.

한 시간 남짓 만에 전기 배선 작업을 다 끝내고 전기 팀은 모두 철수했다. 하지만 이것으로 전기 공사가 다 끝난 것은 물론 아니고, 앞으로 적어도 5번, 많으면 6, 7번 더 들어와야 한단다.

오늘은 작업량이 많아 6시까지 다 채운 뒤 작업팀이 철수했다. 내일 배근 팀은 나오지 않고, 바깥 거푸집 작업과 1층 슬라브 작업을 할 거라 한다. 그런 다음 벽체와 1층 슬라브를 통째로 콘크리트 타설을 한다. 말하자면 1층을 콘크리트 박스로 만드는 것이라 이해하면 된다. 벽체 따로, 슬라브 따로 타설을 하면 견고성이 떨어지기 때문이라 한다.

내일 작업이 또 볼 만할 것으로 기대된다.

전지 콘센트를 벽체에 고정시켰다.

신통한 도구, 거푸집

거푸집 작업이란 것도 한 마디로 정리하면 이 콘크리트가 들어가는 부분의 공간을 정밀하게 만들어내는 작업이다. 콘크리트 형틀이라 할 수 있다.

거푸집이란 것이 생각해보면 참으로 재미있는 물건이다. 무한, 무형의 공간에서 사람이 원하는 모양과 크기의 공간을 가두어내는 도구가 바로 거푸집이다. 주물을 만들 때 쓰는 주형도 거푸집이다. 옛날 우리 조상들이 연장이나 무기, 불상들을 만들 때 진흙으로 거푸집을 만들어 쓰기도 했다. 요즘 건축 현장에서는 철제 거푸집을 주로 쓰는데, 예전에는 합판으로 만든 것을 썼다.

현장에서 흔히 방수 거푸집으로도 불리는 이 철제 거푸집은 여러 가지 규격이 있어 용도에 따라 나누어 쓴다. 또 거푸집 철제 테두리 부분에는 곳곳에 구멍이 나 있는데, 이것은 타이핀이라는 일종의 걸쇠로 거푸집끼리 조립, 결착에 쓰인다. 핀 두 개를 끼워 박기만 하면 견고하게 결착되므로 참으로 작업이 쉽고 빠르다. 해체하는 것도 물론 간단하다. 망치로 톡톡 쳐주기만 하면 된다. 게다가 널판을 구성하는 나무는 견고한 재질로, 망치로 두드리거나 마구 내던져도 잘 깨지지가 않는다. 방수 거푸집이라 불리는 것도 이 널판이 방수능력을 갖고 있기 때문이다.

이 거푸집은 거푸집으로서의 용도뿐 아니라, 길게 연결해서 사다리로 사용하기도 하고, 벽체 거푸집과 직각으로 연결하여 간이 비계의 받침대로 사용하기도 한다. 참으로 다양한 용도로 쓰일 수 있도록 고안된 '발명품'이라 하겠다. 공사장에서 쓰이는 이 거푸집들은 대개 임대해 쓰는 것이라 한다.

거푸집을 고정시키는 작업.

마을에 중계되는 공사상황

공사 22일째.

어제에 이어 1층 벽체 바깥 거푸집 대기 작업이 계속된다. 오늘은 철근 팀 3명은 빠지고 5명이 거푸집 작업을 진행한다.

이 공정이 상당히 까다롭고 품이 많이 든다. 기초공사를 할 때 간단한 테두리 거푸집을 대고 콘크리트를 타설하는 것은 이에 비하면 참으로 간단한 작업이다. 벽체 거푸집 공사는 수많은 문과 창문 자리를 치수에 따라 일일이 틀을 만들어 댄 다음 거푸집 작업을 하기 때문이다. 게다가 굴곡 많은 계단의 거푸집은 목수가 맞춤으로 만들어야 한다. 또한 1층 뚜껑, 곧 슬라브를 받쳐줄 보를 만들고 버팀 철기둥을 세우고, 콘크리트 압력을 잡아줄 철제 파이프를 거푸집에 종횡으로 대주는 작업도 해야 하므로, 그러한 장비만도 몇 차나 들어온다. 그것들을 모두 부려놓고 작업장소로 옮기는 것도 상당한 일거리다.

이래저래 저녁까지 부지런히 일을 했는데도 1층 거푸집 작업을 마무리하지는 못했다. 내일 하루 더 일해야 1층 슬래브 거푸집까지 완성할 수 있을 것 같다. 콘크리트 타설은 그 다음이다. 그 작업 역시 만만한 일이 아니라 한다. 3m 가까운 벽체의 아랫부분까지 콘크리트가 골고루 빈틈없이 들어가야 하고. 창문 틀 아래에는 특히 타설하기가 까다로울 듯싶다. 그래서 진동기를 줄창 써야 한단다. 진동기는 시멘트 반죽에 강한 진동을 가함으로써 빈 공간까지 시멘트가 골고루 들어차도록 하는 기계이다.

창틀 부분에는 콘크리트가 들어가지 않게 틀을 짜 맞추었다.

어제는 마을에서 아주머니 두 분이 올라와서 집짓는 것을 구경하고 내려갔는데, 오늘은 또 장수촌 식당의 아주머니가 윗집 할머니와 함께 오셨다. 집이 어떻게 되어가는지 궁금해서 우정 올라온 것이라 한다. 윗집 할머니가 매일같이 마실 다니는 장수촌 식당은 주특기가 오리고기 요리인데, 한마디로 우리 박골 마을의 사랑방이다. 할머니는 요즘 그리로 마실 가시면 우리 집 공사 진척상황을 중계하신다. 오늘은 흙차가 몇 대 들어왔다, 오늘은 인부가 몇 명 와서 일한다, 오늘은 포크레인이 들어왔다 등등… 그러니 사랑방의 마실 손님들도 궁금증과 관심이 커질밖에.

장수촌 아주머니는 음료수까지 들고 왔다. 아주머니에게는 서른 살 중반의 아들이 있는데, 같이 식당을 운영하는 착실한 아들이다. 식당일을 하는 중에도 틈틈이 독거노인 방문 등 봉사활동도 열심으로 한다는 얘기를 들었다. 하지만, 요즘 한국 농촌 총각은 장가가기 힘들다는 말이 있듯이 이 아들 역시 아직 장가를 못 들어 아주머니가 걱정하고 있다. 아주머니뿐만 아니라 윗집 할머니도 종종 그 아들 장가들여야 할 텐데 하면서 걱정하시는 통에 우리 부부까지도 무슨 방도가 없나 하고 주위를 두리번거리는 정도가 되었다. 올해에는 이 참한 총각에게 일이 잘 풀려야 할 텐데, 하는 것이 이 마을 이웃들의 한결같은 마음이다.

1층 슬래브 완성

공사 24일째.

아침부터 날씨가 흐리다. 오후 늦게 비올 확률이 40%라는데, 거푸집 작업에 지장이 없을라나 모르겠다. 오늘로 1층 벽체 거푸집 작업을 시작한 지 사흘째다. 그만큼 일손이 많이 가는 공정이다. 저녁까지 6명이 쉼없이 일손을 놀리는데도 벽체 거푸집 작업을 마치고 슬래브 바닥을 까니 벌써 퇴근시간이다.

저녁 무렵 빗방울이 몇 낱 후득후득 떨어졌지만 다행히 일에 지장을 줄 정도는 아니었다. 건설 현장에서는 내부공사가 아니라면 비가 오는 경우 모든 작업이 중단된다. 거푸집 작업이든 배선작업이든 비가 오면 '일단 중단!'이다. 콘크리트 타설도 마찬가지고. 그러니 이들 건설 일꾼들에겐 비오는 날은 공치는 날인 셈이다. 박 사장이 공기를 70~90일이라 한 것도 일기 불순을 염두에 둔 탓이다. 아직까지 비가 와서 작업을 못한 경우는 없으니 운이 좋은 셈인가? 하지만 날이 가물다고 하니 마냥 좋아만 할 일만도 아니라 심산이 좀 복잡해진다.

현장의 작업은 저녁 6시면 정확히 끝난다. 대신 아침에는 7시 30분이면 일을 시작한다. 그래서 9시쯤이면 벌써 새참을 먹는다. 새참이래야 겨우 컵라면이다. 다른 것은 번거롭고 시간이 걸려 아예 고려 밖이다. 그 무렵 나는 슬슬 현장으로 올라가는데, 그때까지 커피를 안 마시고 있으면 내가 커피를 탄다. 물론 커피믹서로 타는 것이다. 커피믹서는 늘상 상자째로 준비되어 있다. 평균 6, 7명의 일꾼들이 하루 서너 차례 커피를 마시니, 백 개들이 커피믹서도 며칠이면 동이 난다.

2층 슬래브 공사. 이 위에 다시 바닥을 깔고 철근을 엮은 후 콘크리트를 타설한다.

    내일은 슬래브 바닥과 테두리 거푸집 작업을 일찍 끝내고 콘크리트 타설까지 마칠 거라 한다. 슬래브 바닥 위에 스티로폼을 빈틈없이 깔고, 베란다까지 포함하여 철근 배근 작업을 하고, 그 다음 전기 배선 작업을 해야 비로소 콘크리트 타설에 들어간다. 내일 역시 무척 바쁜 하루가 될 것 같다.

1층 '통 공구리'를 치다

공사 25일째.

여느 때치럼 10시쯤 현장으로 올라가 보니 힌창 바쁘게 일들을 하고 있다. 1층 슬래브와 베란다 거푸집 작업, 철근 엮기 등을 끝내고 콘크리트 타설까지 마치려면 일을 서둘러야 한다. 그래서 박 사장은 철근 팀을 3명이나 투입했다고 한다. 작업인원은 박 사장까지 포함해서 모두 9명. 이제까지 하루 작업에 투입된 인력 중 최대다. 박 사장을 포함한 것은 그 역시 조금도 쉴 새 없이 몸을 움직이며 일을 하기 때문이다. 오늘도 내가면 소재지에 있는 양구철물상을 몇 번이나 다녀왔는지 모른다. 슬래브에 콘크리트 타설을 할 때 계단 부분의 강도를 높이기 위해 시멘트 가루를 뿌리는데, 박 사장이 40kg이나 나가는 시멘트 부대를 어깨에 메고 구보하다시피 달려온다.

오후 2시가 되니 슬래브 배근 작업이 거의 끝나간다. 12.5cm 간격으로 촘촘하게 철근을 엮어나간다. 거실과 주방 사이를 가로지르는 부분에 '보'라는 것이 설치되는데, 말하자면 콘크리트 대들보이다. 여기에는 19mm짜리 철근이 빽빽하게 엮여 있다. 구조물의 하중을 가장 많이 받는 부분이라 특히 견고하게 시공되어야 한단다.

예전에는 대들보를 올릴 때 상량식이리 하여 돼지머리, 시루떡을 준비하고 고사를 지냈다고 한다. 고사지낸 음식은 동네 사람들 불러 다 함께 나눠 먹고. 그런데 요즘도 옹벽조 건물에 콘크리트 보를 설치하면서 상량식을 하는 이도 더러 있다고 한다.

2층 슬래브에 철근을 깔고 있다.

수많은 받침대를 괴어가면서 슬래브 바닥을 완성한 후 방음, 단열을 위해 스티로폼 까는 작업이 이어진다. 두께 10cm의 엄청 단단한 스티로폼이다. 사람이 밟고 올라서도 끄떡없다. 보통 슬래브 작업에 쓰는 것은 5cm라는데, 그 배가 되는 것을 까는 것이다. 그제 저녁 이 스티로폼을 싣고 온 사람이 한 말이 생각난다. 박 사장을 보자 그가 대뜸 "창고에서 이것을 실으니까 자기 집 지으려는 거야 하더만…"이라고 말한 것이다.

이 스티로폼 위에 콘크리트가 타설되고, 그것이 굳으면 서로 단단하게 접착된다고 한다. 스티로폼을 다 깔고 난 뒤에 곧바로 철근 배근 작업이 시작된다. 모든 인력이 철근 엮기에 매달려 정신없이 일한다. 오늘 중으로 콘크리트 타설을 마치려면 시간이 빠듯하다는 것이다.
오후 2시쯤 배근작업이 끝나고 나니 곧 전기 팀이 들이닥친다.

펌프차가 2층 슬래브에 콘크리트를 쏟아붓고 있다.

합판 위에 빈틈없이 깔린 스티로폼과 철근망 사이로 초록색과 검은 색 주름 파이프를 이리저리 어지러이 끼워넣는다. 그 파이프 속으로 전기, 전화, 인터넷 선들이 들어간다고 한다. 어떻게 그 속으로 밀어넣는지는 모르겠다. 물어보니 다 방법이 있다고 한다. 어쨌든 이 모든 파이프들이 콘크리트 속으로 파묻힌다고 하니 이 집과 수명을 같이하는 셈이다. 그런데 파이프 속에 무슨 탈이 생기면 어떻게 손써볼 방법이 없잖은가? 아마 그런 일은 없는 모양이다.

마침내 펌프 차가 들어왔다. 믹스트럭의 전위병이다. 과연 얼마 안되어 믹스트럭들이 줄지어 들어온다. 오늘 들어올 대수는 모두 7대. 한 대당 6루베의 레미콘을 실어나른다고 하니, 모두 42루베의 콘크리트가 1층 슬래브와 벽체에 들어부어지는 셈이다. 1루베는 곧 1입방미터라 한다. 그러니 가로 세로 1m, 길이 42m의 콘크리트 기둥만한 엄청난 양이 15전(공사장에서는 cm를 전이라 흔히 쓴다) 두께의 슬래브와 벽체를 만드는 것이다. 그것도 한꺼번에 마구 붓는 것이 아니라, 벽을 따라 여러 차례 돌아가면서 부어넣는다. 그래야 벽의 아랫부분까지 골고루 들어간다.

벽체의 거푸집 형틀 구석구석까지 콘크리트가 빈틈없이 들어가 채워져야 하는데, 그게 생각처럼 쉬운 일이 아니다. 벽체에 붓는 콘크리트는 기초에 사용하는 것에 비해 더 묽은 것을 쓰는데, 그래도 잘못하면 덜 채워져 틈이 생기고 곰보가 진다. 그래서 등장한 게 진동기이다. 뱀처럼 생긴 기다란 철봉을 벽체 거푸집 속으로 집어넣어 강하게 진동시키면 콘크리트가 진동으로 다져지면서 빈틈을 메워준다. 진동을 너무 많이 주면 그 압력으로 거푸집이 터져나가는 수도 있다고 한다. 예전에는 긴 막대기로 쑤셔댔다고 한다. 진동기를 사용해도 벽에 생기는 약간의 곰보는 어쩔 수가 없다. 큰 것은 나중에 다시 땜질을 하기도 한다.

일꾼들이 망치를 갖고 벽체를 돌아가면서 거푸집을 두드린다. 콘크리

리모컨으로 콘크리트를 타설하고 있다. 정밀하게 타설하려면 그래도 인력이 필요하다.

콘크리트 타설 후 바닥 표면을 평평하게 하기 위해 써레질하는 모습.

트가 채워지지 않은 부분을 소리로 파악하기 위해서다. 특히 창틀 밑 부분에 공간이 나기 쉽다. 거기는 따로 콘크리트를 삽으로 퍼넣기도 한다.

슬래브와 벽체를 한 묶음으로 하여 콘크리트 타설을 하는 것을 현장에서는 '통 공구리'라 하는데, 정확히 표현하자면 '일체식一體式 콘크리트'라 한다. 한마디로 군사용 벙커 만들듯이 콘크리트 박스를 만드는 셈이다. 그래야 슬래브와 벽체가 어그러지지 않고 견고한 구조체가 된다.

벽체를 다 채운 펌프카의 호스가 슬래브에 콘크리트를 쏟아내기 시작하자 일꾼들이 모두 장화를 신고 슬래브로 올라간다. 써레질과 흙손질도 표면 고르기 작업을 한다. 몇 사람은 계단 부분에 마른 시멘트 가루를 쏟아붓는다. 그 부분의 견고성을 높이기 위한 것이라 한다. 이 모든 작업이 끝난 것이 5시경. 이로써 콘크리트로 하는 작업은 대미를 장식하고 끝을 맺게 되었다.

콘크리트가 마르는 데는 앞으로 약 2주가 걸린다고 한다. 그 전에 며칠 후 바깥쪽 거푸집을 떼내고, 다 마르기를 기다려 안쪽 거푸집을 떼 낸다. 슬래브와 보를 받치는 받침대는 그후로도 한동안 그대로 둔다고 한다.

하도 바쁘게 돌아가는 통에 3시쯤 늘 먹던 새참도 먹지 못했다. 그래서 박 사장이 읍내에서 저녁을 사기로 했다고 한다.

일기예보에서 오늘 저녁 한파가 밀려와 영하 6도까지 떨어진다고 하는데, 그래도 콘크리트에는 별 문제가 없을 것이다. 시멘트가 굳어지는 과정에 상당한 열을 발산한다고 한다. 오늘은 나도 하루종일 현장을 지킨 통에 상당히 피곤한 듯하다. 하지만 앞으로 2주 동안은 한가하게 보낼 수 있을 것이다. 좀 심심은 하겠지만….

▌공사장 앞에 벌어진 지하수 천공 작업

공사 28일째.

며칠 동안 꽃샘추위가 몰아닥쳤다. 한창 추울 때는 영하 10도까지 떨어졌다. 3월 날씨 치고는 혹한이었다. 하지만 오늘은 추위가 많이 누그러져 아침 기온이 0도.

9시쯤에 박 사장으로부터 전화가 걸려왔다. 지금 현장에서 일하고 있다는 것이다. 아니, 오늘은 콘크리트가 마르기를 기다리느라 쉬는 줄 알았는데… 박 사장 말이 내일 벽체 거푸집을 떼내려 했는데, 상태를 보니 오늘 작업해도 좋을 것 같아 일을 시작했다는 것이다. 거푸집을 제거하면 콘크리트가 더 잘 마른다고 한다.

그리고 지금 집 앞 길가에서 지하수 대공 굴착작업을 하고 있다고 알려온다. 대공은 지하 100m 이상 150m 정도 파는 것이다. 우리 박골 마을에서는 간이 상수도를 쓰고 있는데, 물량이 모자라 다른 수원을 찾던 중 우리 집 앞 길옆에서 물길을 찾아 지하수를 판다는 얘기가 며칠 전부터 있었다. 이장이 찾아와 나에게 동의를 구했던 것이다. 물론 거기에 지하수를 판다면 지금 우리가 쓰고 있는 지하수가 마를 것이 거의 분명하다. 그리고 모터를 설치하고 그 위에 구조물이 앉게 되니 미관상 보기도 좋지 않을 것이다. 하지만 마을에서 물이 모자라 파야겠다고 하니 거절할 수 없는 일이다. 내키지는 않지만 우리 집도 그 상수도 물을 먹을 수밖에 없다.

현장에 나가 보니 이장과 노인회 회장님, 총무님 그리고 업자들이 벌써 나와 고사지낼 준비를 하고 있다. 삶은 돼지머리와 소줏병이 보이고, 그 앞에서 사람들이 절을 올린다. 돼지머리의 입과 두 귀에는 만원짜리 지폐 여러 장이 꽂혀 있다. 절을 올린 이장과 회장님이 천공기에 소주를 뿌리며 부디 물이 콸콸 많이 쏟아지게 해달라고 기원을 한다. 고사지낸 돼지머리에서 지폐를 빼든 이장이 그것을 인부에게 건네며, 박해서 미안하지만 잘해달라고 부탁의 말을 한다. 한 인부는 돼지머리를 썰고 소줏잔을 돌린다. 내게도 잔이 돌아와 술을 못한다고 사양했지만, 그래도 이 잔은 받아야 하는 거라며 한사코 권한다. 어쩔 수 없이 한 잔 받아 마시고 고기 한 점을 굵은 소금에 찍어 먹었다. 얼마 후 천공기가 굉음을 내며 돌아가기 시작하는 것을 보고 공사장으로 올라갔다.

마을 이장님과 어르신 한 분이 물이 펑펑 나오게 해달라고 고사를 올리시는 모습. 우리 집 바로 앞이다.

안 부장과 임 목수, 김씨 아저씨가 박 사장과 함께 거푸집 떼내기에 여념이 없다. 받침대로 받치고 있는 거푸집 외에는 안팎 벽체 거푸집은 모두 떼낸다고 한다. 그것만으로도 오늘 하루 꼬박 걸릴 듯하다. 거푸집들을 제거해나가며 보니 군데군데 곰보가 진 곳들이 눈에 띤다. 특히 창틀 밑쪽은 콘크리트가 덜 들어간 구멍도 보인다. 그런 곳에는 박 사장이 시멘트 반죽으로 땜질을 한다. 이런 구멍들은 일체식 콘크리트 타설에서 흔히 있게 마련이라 한다. 그래도 대체적으로 잘 나온 편이라는 게 박 사장의 평이다. 내가 보기에도 모양이 잘된 듯하다. 이리하여 가장 난공정인 일체식 콘크리트 타설은 성공적으로 끝난 셈이다.

떼어낸 거푸집은 차 두 대에 실어 떠나보내고 우리는 5시 만에 철수했다. 한 열흘 뒤면 콘크리트가 완벽히 굳어질 거라 한다.

깨끗한 작업장

공사 29일째.
날이 흐리다. 박 사장은 콘크리트가 굳는 데는 흐린 날씨가 더 낫다고 한다. 타설한 콘크리트는 서서히 말라야 강도가 높아지는데, 기온이 높거나 해가 너무 쨍쨍하면 콘크리트가 너무 빨리 굳어버리기 때문에 물을 뿌려주기도 한다는 것이다. 너무 빨리 마르면 콘크리트에 금이 가기 쉽기 때문이란다.

오늘은 어제에 이어 거푸집을 포함하여 주변 정리를 하는 날이다. 어제 못 옮긴 거푸집을 실어내가는 한편, 주변에 어지러이 쓰러져 있는 아까시 등 나무들을 엔진 톱으로 잘라 한쪽에 쌓아놓는다. 나중에 벽난로 땔감으로 쓰라는 박 사장의 자상한 배려다. 자른 나무토막들을 가지런히 쌓아놓고 보니 보기에도 좋다. 조경이 따로 없다. 저렇게 땔감으로 가지런히 쌓아놓은 나무를 보면 마음이 저절로 푸근해진다. 운치도 있어 뵈고.

그 어지럽던 거푸집들을 대강 정리하고 주변을 치워놓고 보니 눈앞이 훤해진 느낌이다. 무거운 거푸집을 차에 싣는다든가 긴 쇠파이프를

집짓기 대장정에 들어가다

박 사장이 밤잠 안 자고 만든 집 모형. 보기보다 섬세한 면이 있는 사람이다.

나르는 일 등은 내가 나서서 돕기가 쉽지 않다. 괜히 걸치적거려 오히려 작업에 방해가 될 것 같아서다. 하지만 거푸집 타이핀을 줍는 일은 그럴 우려가 없어 오후 4시까지 핀 줍는 일을 했다. 거푸집을 떼낸 후 바닥에 떨어져 있는 핀이 수만 개는 되는 듯하다. 대여섯 양동이는 좋이 주워담았다. 몇 시간씩이나 쭈그려 앉은 자세로 줍다 보니 다리가 저리고 아프다. 하지만 밥값은 한 듯해서 마음이 뿌듯하다.

사실 나는 늘 점심을 현장에서 얻어먹고 있다. 공사판 말로 이른바 '함바 밥'을 일꾼들과 같이 먹는다. 함바란 공사장 전문 밥집이란 뜻이다(그런데 함바란 원래 일본말로, '노무자 합숙소'란 뜻이다. 이 역시 일제 잔재다). 날마다 국과 반찬이 바뀌어 오니 별로 질리지도 않고 먹을 만하다. 우리의 함바는 내가면의 '엄마손 식당'이다. 식당 아주머니가 점심때면 차로 식사를 배달해준다. 물론 나까지 인원수에 포함된다. 박 사장은 그 아주머니를 보고 형수님이라 부른다. 과연 강화의 마당발이다.

박 사장이 공사장에서 가장 많이 하는 일은 갖가지 기구·자재 정리와 주변 정리다. 늘 쓸고 줍고 치우고 태우고 실어내가고 한다. 자기 몸은 잘 가꾸지 않으면서 공사장은 늘 훤하게 만들어놓는다. 보기와는 달리 깔끔한 성격이라 하겠다. 그에 대해 박 사장 나름의 소신이 없지 않다. 공사장이 난장판으로 어지러우면 작업능률이 떨어지게 마련이라 한다. 일꾼들이 물건에 걸려 넘어지기 일쑤고, 못 같은 데 찔러 다치는

쇠지레와 쇠파이프로 거푸집을 떼내고 있다.

경우도 드물지 않다는 것이다. 그래서 공사장의 정리 정돈이 가장 기본이라는 것이다. 허긴 공부 잘하는 학생의 책상 위는 늘 깨끗하다. 못하는 아이일수록 책상 위가 어지럽게 마련이고.

옆집 할머니도 한 말씀 하신다. 이렇게 깨끗한 공사장은 처음 본다고.

다음 거푸집 떼기는 열흘쯤 뒤라는데, 그 동안 무슨 작업이 있을는지? 오늘은 너무 피곤해 물어보지도 않고 그냥 오고 말았다.

콘크리트가 잘 여물었네

공사 39일째.

드디어 천장과 보, 안쪽 벽체 거푸집을 떼내는 날이다. 날씨도 쾌청하다. 일체식 콘크리트 타설을 한 지 꼭 2주 만이다.

그 동안 콘크리트는 알맞은 봄날 햇볕과 쉼없이 불어오는 바닷바람을 맞으며 이상적으로 잘 여물었다. 거푸집을 몇 장 떼내던 박 사장이 "공구리가 아주 잘 여물었구먼" 하며 흐뭇한 표정을 짓는다.

박 사장과 안 부장, 김씨 아저씨 외 1명, 모두 4명이 손발을 맞추어 작업한다. 천장의 거푸집을 떼내는 일은 특히 주의와 기술을 요하는 작업이다. 주요 포인트의 핀과 고정 부위를 해체하면 천장에 붙여놓은 거푸집이 통째로 와르르 쏟아져내리는 경우가 있어 자칫 다치기 쉽다고 한다. 거푸집 해체작업 역시 숙련과 기술을 필요로 하는 전문적인 일임을 알 수 있다.

해체작업의 주역은 안 부장이다. 자그마한 체구에 말수가 적은 안 부장은 20년 넘는 목수의 내공을 그대로 보여주는 사람이다. 그가 쓰는 연장이라고는 배척(노루발못뽑기) 한 자루와 철제 받침대 윗동 하나다. 이것으로 해체작업의 모든 과정을 해내는 것이다. 물론 그 모든 것을 근육의 힘으로 한다. 체구에 비추어볼 때 그다지 힘이 셀 것 같지는 않지만, 그래도 일을 하는 데 그리 힘이 부쳐 보이지는 않는다. 역시 일이란 힘으로 하는 것이 아니라 요령으로 하는 것인 모양이다. 그는 밥 먹을 때 보면 식사량도 그리 많지 않다. 거저 식당 공깃밥 한 그릇이면 끝이다. 다른 일꾼들은 적어도 한 공기 반. 어떤 이는 두 공기쯤을 비운다. 그렇게 적게 먹고 어떻게 힘을 쓰느냐고 물으면, 그 대신 술은 많이 마신다면서 씨익 웃는다.

　나는 바다에 떨어진 못이며 핀, 철사 따위를 줍는다. 못이 수천, 수만 개는 되는 듯하다. 박 사장의 말에 의하면, 이런 거푸집 작업을 하는 데 보통 못이 3상자쯤 든다고 한다. 나는 못을 주우면서 다리가 저리고 허리가 아프다. 떨어진 못을 그냥 줍는 데도 이리 힘든데, 이 모든 못들을 다 박은 사람들의 노역은 미루어 짐작만 할 따름이다.

　어쨌든 내부 거푸집 해체작업에 네 사람이 매달려 꼬박 하루가 걸렸다. 저녁 해가 설핏할 무렵에야 뜯어낸 거푸집과 받침대, 합판, 파이프 등을 두 차에 가득 실음으로써 작업이 대충 마무리되었다. 흩어진 자재들을 정리하는 일은 내일 박 사장이 혼자 나와 할 거라고 한다.

뒷산에서 내려다본 1층 '통공구리'.
말 그대로 한 덩어리의 콘크리트다.

안팎으로 덧댄 거푸집을 모두 뜯어낸 뒤에 보니 1층 구조물의 모양새가 한눈에 들어온다. 베란다의 면대기한 가장자리며 패어진 홈 등이 모두 잘 나왔다. 저 정도면 모양이 잘 나온 것이라고 박 사장은 말한다.

오후에는 길 위의 집인 이 장로님 댁에서 만들어온 인절미로 새참을 때웠다. 집짓는 일꾼들을 위해 우정 인절미를 만들어 한 상자 들고 온 이웃의 정에 더없는 따사로움을 느낀다. 도시라면 정말 생각도 할 수 없는 일이다. 이웃이라 해야 우리 집과는 5백m도 더 떨어져 있어 서로 보이지도 않는 처지인데도 불구하고 말이다.

내일은 박 사장이 혼자 나와 작업장 정리를 한다고 하니 나도 나와 좀 거들어야겠다. 혼자 일하면 심심할 테니 말이다. 저녁 6시가 넘어서야 일을 끝내고 숙소로 돌아왔다.

나무로 데크와 난간, 계단 등을 만들어놓고 보니
나무가 주는 푸근한 질감이 더없이 좋다.

ⓒ김홍희

옆에서 바라본 집의 모습.
현관으로 올라가는 돌계단과 나무계단이
그런대로 어울리는 듯하다.

데크를 조금 넓게 뽑은 것은
탁구대를 놓기 위함이었다.
폭 3m 정도면 아쉬운 대로 탁구를 칠 만하다.
바닥이 나무바닥이라 느낌도 좋고.

현관으로 오르는 나무계단의 주춧돌로는 자연석을 놓고
계단 아래에는 잔디를 깔았다.

ⓒ김홍희

빅 사장이 만들어준 농구 골대와 평행봉, 철봉.
사람들은 무슨 요양 시설이냐고 묻기도 한다.
건강은 건강할 때 챙겨야지….

3

옹벽조와
철골조의 만남

1층은 시멘트 나라, 2층은 쇠 나라

공사 41일째.

오늘부터 2층 골조공사에 들어간다. 작업인원은 박 사장과 김재룡 씨, 유석 씨, 세 사람으로 무척 단출하다.

김재룡 씨는 5년 전 우리 집 다락방을 올릴 때도 일한 적이 있기 때문에 구면이다. 구면 정도가 아니라, 몇 년 전에는 부인과 네 살배기 딸까지 데리고 온 적이 있다. 딸은 예진이라는 고운 이름을 가진 귀여운 아이다. 작년에는 늦둥이 아들까지 낳았다고 한다. 늦둥이라 하는 것은 김재룡 씨가 40대 후반이기 때문이다. 어려운 집안 사정으로 동생 여럿을 부양하다 결혼이 늦어진 탓이라 한다. 그의 전공은 용접이다.

또 한 사람은 유석이라는 30대 중반 남자로, 박 사장의 후배다. 자전거 타기가 취미라는데, 강화 자전거 동호회 총무를 맡고 있다. 박 사장의 말에 의하면 자전거만 탔다 하면 산을 날아 다닌다고 한다. 그가 타는 산악 자전거는 그 가격이 물경 천만 원에 가깝다니, 웬만한 경차보다 비싼 셈이다. 자전거 타는 사람답게 유석 씨의 몸놀림은 민첩하고 두 다리는 튼실하다. 일꾼이라도 상일꾼인 셈이다. 박 사장의 사람들은 기술이나 성실성에서 항상 일급들인 것 같다. 유석 씨 역시 조립식 건축 전문가다.

콘크리트 슬래브 위에 철골 구조물이 올라가고 있다.

　2층을 조립식 경량 철골로 짓기로 한 것은 평당 건축비가 50만 원 정도 싼 이유도 있지만, 옹벽조에 비해 나중에 리모델링하기가 쉽다는 점, 단열이 우수하다는 점, 공사기간이 비교적 짧다는 점 등등 때문이다. 그래서 결과적으로 1층은 시멘트 나라, 2층은 쇠 나라가 되었다. 2원집정제식 주택이라고나 할까.

　철골 작업을 위해 각파이프(ㅁ자 형강)가 들어왔다. 기둥용과 도리용으로 쓸 두 종의 각파이프인데, 기둥용은 가로 세로 10cm쯤 되는 정사각형 단면이고, 도리용은 납작한 단면으로, 모두 길이 6m짜리다. 기둥용 각파이프의 무게는 65kg, 거의 성인 한 사람의 몸무게에 해당한다.

이 각파이프를 1층 슬라브 바닥에 고정시키는 작업을 앵커 작업이라고 하는데, 베이스라 불리는 구멍 뚫린 쇠판을 먼저 콘크리트 바닥에 단단히 결착시킨다. 콘크리트 바닥은 해머드릴을 이용해 10cm쯤 뚫고 거기에 베이스의 구멍을 맞추어 나사로 죈다. 그리고 베이스와 각파이프를 용접하여 기둥을 세우는 것이다. 2층은 22평 규모이므로 그리 큰 구조물이라고는 할 수 없다. 그래도 도면에 따라 먹줄을 치고, 형강을 절단하고, 기둥을 세우고 가로대를 걸어 용접하여 직육방체의 구조물을 만드는 데 세 사람이 꼬박 하루가 걸렸다.

용접기와 질단기로 형강을 자르는 장면.

박 사장의 말에 의하면, 일반 조립식 건물에는 골조를 세우지 않는다고 한다. 기초 위에 패널만을 조립하는 것으로 지붕의 하중을 받게 한다는 것이다. 대형 상가건물이나 큰 창고를 짓는 경우 정도에만 형강으로 이처럼 골조를 세우는데, 그래도 어디까지나 골조를 세워 조립식 건물을 짓는 것이 정석이라고 한다.

다만 건축주가 건축난가를 생각하고 비용을 덜 들이려 하는 데서 부골조 조립식을 짓게 된다고 보면 된다.

우리 집의 경우, 작은 평수이지만 품이 많이 들어가는 골조 조립식으

옹벽조와 철골조의 만남

로 가는 것은 집은 모름지기 정석대로 튼튼하게 지어야 한다는 박 사장의 건축철학 덕분이다.

건축철학 얘기가 나왔으니 하는 말인데, 박 사장의 건축철학은 가끔씩 나를 감복케 하는 바가 있다. 집을 짓는 데 가장 중요한 일의 하나는 건축가와 건축주의 의견일치다. 그런데 대개의 경우 건축주는 건축의 문외한이기 십상이다. 반면에 건축가, 곧 업자는 건축전문가인 셈인데, 이 둘 사이에는 늘 견해차가 있게 마련이다. 그럴 때 전문가인 업자가 건축주를 잘 설득하여 문제를 풀어가야 하는데, 끝내 이견이 조정되지 않으면 어떻게 하는가? 박 사장은 그런 경우 건축주의 의견대로 일을 진행한다고 한다. 집이란 무엇보다 거기 사는 사람의 마음에 들고 편해야 하기 때문이란다. 나중에 수정하는 경우가 생기더라도 그렇게 가야 한다는 게 박 사장의 건축철학이다.

그럼 이 집을 짓는 데 있어 나의 원칙은 무엇인가?
대체적으로 전문가의 견해를 존중하며 그에 따라 일을 진행한다는 것이다. 그래서 나는 웬만한 문제에 대해서는 으레 이렇게 말하고 만다.
"박 사장님이 알아서 해주세요."
그러니 나의 경우, 집을 짓는 데 따르게 마련인 신경소모나 스트레스는 거의 없다고 보아 무방하다. 나는 집짓기를 즐기면서 하고 있는 셈이다.

철제 대들보를 위한 상량식

공사 43일째.

어제 하루는 쉬었다. 일기예보에서 비 소식을 전했기 때문이다. 전기를 쓰는 용접 일이 주인 골조작업은 비가 오면 할 수 없기 때문이다. 그런데 아침이 되어도 비는 오지 않고 해가 나왔다. 박 사장은 하루를 날렸다고 억울해하면서도 이렇게 바람이 많이 부는 날은 트러스 올리는 작업을 하기 어렵다면서 스스로 위로한다.

오늘은 다행히 날씨도 맑고 바람도 잔잔하다. 일하기 딱 좋은 날씨다. 작업인원도 그제와 마찬가지로 박 사장과 김재룡 씨, 유석 씨 세 사람이다. 원래 철골작업을 하는 데는 많은 인원이 필요 없다고 한다. 이 세 명이 각파이프 운반, 절단, 조립, 용접을 다 한다는 것이다. 오늘 일은 지붕에 올릴 트러스 두 개, 철골 대들보 하나를 만들어 조립하는 작업이다. 밀리를 다투는 정확한 형강 절단과 조립, 용접, 도장 등의 작업을 끝낸 것이 거의 오후 4시. 곧 크레인이 들어와 트러스 두 개를 올리고 대들보를 제자리에 앉혔다. 이른바 '상량上梁'인 셈이다.

유석 씨가 상량 때는 돈을 대들보에 매어 같이 올려야 한다고 해서 박 사장의 만류에도 불구하고 내게 금일봉을 대들보에 묶었다. 돼지머리도 없고 막걸리도 없는 약식이지만, 집의 무사태평을 기원하는 마음이자, 일하는 사람의 사기를 북돋는 거라고 한다. 나도 미신을 믿는 건 아니지만, 사람 사는 일에 그런 기분풀이쯤은 해도 괜찮지 않나 하는 마음에서 흔쾌히 응한 것이다.

2층 건물의 대들보를 올리고 있다. 크레인에 매달린 채 올려지고 있는 대들보에 상량 촌지 봉투가 묶여져 있다(오른쪽). 철제 대들보에 묶은 상량 촌지 봉투(아래).

어쨌든 트러스 작업과 상량을 다 끝내니 저녁 6시가 되었다. 빗발이 툭툭 떨어진다. 서둘러 작업장을 정리하고 떠났다.

공사 44일째.

2층 골조공사 3일째인 오늘은 지붕의 서까래를 올리고 도리를 얹는 작업을 아침부터 시작했다. 전날과 마찬가지로 세 명이 이 작업을 해나가는데, 골조작업은 진행속도가 무척 빠르다. 그리고 그다지 많은 인원을 필요로 하지 않는다는 점이 특징이다. 오후가 되니 벌써 전체 구조물의 윤곽이 뚜렷이 드러난다. 속도가 빠르다 보니 옆에서 지켜보는 것도 재미있다. 2층은 말하자면 우리 부부가 주로 생활하게 될 공간으로, 안방과 샤워방, 자입실로 이루어져 있다. 그러한 공간들이 먹줄 놓은 대로 모양을 갖추어가는 것이다.

무엇보다 2층에는 나의 야심작인 탁구대 공간이 들어선다. 그런데 자리를 대충 잡고 보니 어쩐지 탁구대 놓기에는 공간이 좁아 보인다. 이건 아내 탓이다. 안방의 욕실이 좁은 듯하다고 하여 30cm 더 늘이다 보니 자연히 베란다 폭이 그만큼 좁아지게 된 것이다. 폭 3m는 아무래도 1.5m 폭의 탁구대를 놓기에는 좁을 것이 틀림없다. 과연 여기서 탁구를 칠 수 있을까? 나의 꿈이 조금씩 바래져가는 듯한 기분이 든다.

저녁까지 일했지만 골조작업이 완전히 마무리되지는 못했다. 기와를 얹을 요량으로 지붕을 짜나가다 보니 곡선을 만들고 박공을 만드는 데 너무 많은 일손이 든 탓이다. 내일 오전까지는 해야 골조공사가 완전히 끝날 거라 한다.

주택건축의 2대요소는 기초와 전기

공사 45일째. 드디어 3월도 다 가고 어느덧 말일이다. 바야흐로 봄기운이 하루가 다르게 확확 느껴지는 때가 되었다. 공사를 시작한 지 달포가 후딱 지나간 셈이다.

오늘로써 2층 골조작업은 어쨌든 끝난다. 오늘은 인원이 한 명 더 충원되었다. 송정근이라는 30대 후반의 남자로, 역시 박 사장의 고향 후

배다. 오늘은 골조작업이 마무리되는 대로 벽체와 비계를 세우는 일을 해나갈 것이라 한다.

아침에 나와 일하는 김재룡 씨와 유석 씨의 얼굴을 보니 뭔가 허연 크림 같은 것을 잔뜩 바른 모습이다. 무엇을 바른 거냐고 물으니, 자외선 차단 크림이란다. 전기용접을 할 때 5천 도나 되는 고열로 인해 자외선이 많이 나온다고 한다. 태양의 표면온도가 6천 도이니, 그에 버금가는 고열이라 하겠다. 그러고 보니 두 사람 다 얼굴이 벌겋다. 용접 작업도 힘든 일임에 틀림없다.

유석 씨는 지붕의 골조 위에 올라가 원숭이처럼 이리저리 옮겨다니면서 용접을 한다. 몸놀림이 보기에도 날렵하다. 오랜 자전거 타기로 단련된 때문이리라. 그가 아래에서 지켜보던 나를 보고 한마디 던진다.

"이 철골작업이 집짓는 데 가장 중요한 작업이죠."

"그렇겠죠. 뭐든지 골격이 중요한 법이잖아요."

하고 내가 맞장구쳐준다. 돈 안 드는데 그런 맞장구야 못 쳐줄 게 있나. 그런데 그게 아니다. 유석 씨의 미끼를 내가 덥석 물었다는 걸 금방 알게 된다.

"그런 뜻에서 오늘 저녁 삼겹살 파티나 한번 하시죠."

흐흐… 이 사람은 건축주 벗겨먹는 데 노하우가 아주 뛰어난 것 같다. 지난번에도 상량식을 해야 한다고 금일봉을 내놓게 하더니… 하지만 그까짓 삼겹살 파티쯤이야 못할 것도 없다. 유흥과 사기진작을 위해 한번쯤 하는 것도 괜찮은 일이다. 이렇게 생각하는데 옆에 있던 박 사장이 불쑥 끼어든다.

"삼겹살은 내가 사오지. 내 친구가 정육점 하잖아. 제일 맛있는 걸로 준비해놓으라 하시."

그러고 보니 얼마 전에도 금방 잡은 소의 간을 한 양푼이 갖고 왔던 적이 있다. 박 사장이 한마디 더 보탠다.

"그런데 집짓는 데 가장 중요한 것이 철골은 아니야. 철골이야 기본이고, 가장 중요한 것은 기초와 전기야."

뜻밖의 말이다. 기초가 중요한 것은 그렇다 치고 전기가 2대 요소에 든다고?

"전기가 그렇게 중요해요?"

"그럼요. 전선은 콘크리트 벽체와 바닥에 묻히잖아요. 건물 수명과 함께 간다고 봐야죠. 게다가 전기가 잘못 되면 화재 위험도 있구요. 생활편의란 점에서도 전기는 아주 중요하죠. 그래서 전기공사는 하자가 없어야 하는 거죠."

듣고 보니 과연 그렇다. 우리는 평소 못 느끼고 살지만, 전기가 없는 생활은 상상하기가 힘들다. 우선 나는 인터넷 없이는 일을 할 수 없지 않은가. '기초와 전기' — 집짓기의 2대 요소라는 박 사장의 말에 전폭 동의할 수밖에 없다. 20년 건축의 내공이 느껴지는 말이라 하겠다. 어렸을 때부터 박 사장에게 철공일을 배운 유석 씨

철제 기둥을 세우기 위한 베이스 작업. 콘크리트에 쇠나사를 박아 넣어 견고하게 고정시킨다. 일종의 주춧돌인 셈이다.

옹벽조와 철골조의 만남 97

가 '사부님'의 말씀에 토를 달지 않고 잠자코 있는 것은 너무나 당연한 일인 듯싶다.

 오후 2시쯤 용접부위의 도장작업을 끝으로 골조작업이 모두 마무리되었다. 그 다음 순서는 ㄷ자 베이스를 붙이는 작업. 1.2mm 두께의 ㄷ자 모양의 긴 형강을 바닥에 설치하는 일로, 샌드위치 패널을 끼워 고정시키기 위함이다. 이 베이스 건물의 외벽과 각 방 그리고 거실의 경계를 따라가며 놓여진다. 베이스의 밑바닥에는 점성이 강한 바이오 실리콘을 두 줄로 바르고 시멘트 못으로 바닥에 단단히 고정시킨다. 그리고 위 ㄷ자 속에 패널을 끼워 세우는 것이다.

▍샌드위치 패널 이야기

 샌드위치 패널에는 몇 가지 종류가 있다. 단열재(심재)를 무엇으로 한 것이냐에 따라 나뉘어지는데, 대개 스티로폼, 유리섬유, 미네랄울 등이 쓰인다. 요즘에는 유리섬유가 인체에 유해한 이유로 거의 사용되지 않고, 대부분 10cm 두께의 스티로폼을 심재로 한 샌드위치 패널이 주종을 이룬다. 심재의 양쪽에 덧대는 철판은 아연도금한 것으로, 두께는 0.5mm, 0.4mm, 0.35mm 등, 여러 가지로 생산되는데, 단가에서 차이가 나므로, 요즘에는 주로 0.35mm짜리를 많이 쓴다고 한다. 우리 집 2층 조립식 건물에 쓰이는 패널은 0.5mm짜리로, 요즘 잘 생산되지 않아 특별히 주문제작한 것이다. 여기서는 편의상 철판이라고 표현했지만,

사실 두께 0.8mm 이하는 함석, 그 이상은 철판으로 분류한다. 0.5mm 두께라 해도 상당히 두꺼운 것으로, 벽체로 세운 후 밀어보니 끄떡도 하지 않을 정도로 견고하다. 패널 조립이 완성된 후 안팎으로 석고보드와 스티로폼, 그리고 드라이비트로 마감하면 그야말로 견고한 벽체로서 손색이 없다.

샌드위치 패널의 또다른 장점은 무엇보다 뛰어난 단열성에 있다. 패널 한 장이 두께 50cm의 콘크리트 벽체와 맞먹는 단열효과가 있다고 한다. 게다가 가공의 편리함을 또 빠뜨릴 수 없다. 창문 자리 등을 절단

0.5mm 철판의 패널. 주문 제작한 것이다.

옹벽조와 철골조의 만남 99

하는 것이 무 자르듯 쉽다. 전기톱으로 철판을 잘라낸 후 철사로 훑으면 스티로폼이 두부처럼 잘라진다. 그래서 작업 진행이 무척 빠르다. 동쪽 벽체 몇 개를 세우니 저녁 퇴근시간이 되었다. 앞으로 한 3일이면 벽체와 지붕까지 다 조립할 수 있을 거라 한다.

▌패널로 기와지붕 추녀 곡선 뽑기

공사 50일째.

날씨가 더없이 좋다. 지난 며칠 동안 비가 오락가락하고 구름이 걷힐 줄 모르더니, 오늘은 햇볕도 따뜻하고 바람도 잔잔하다. 그야말로 전형적인 화창한 봄날이다. 지난주 토요일과 어제는 오전에 빗발이 뿌린 관계로 작업을 10시쯤에 끝내고 철수했다.

패널 작업은 비가 오면 하기 어렵기 때문이다. 특히 물기 먹은 패널은 미끄러워 지붕 씌우기 작업은 위험하기까지 하다.

하지만 오늘은 작업장이 아연 활기를 띠며 바삐 돌아간다. 2층 안방과 작은방 그리고 거실의 칸막이 작업이 끝나고 지붕도 반쯤 덮었다. 그런데 처마와 추녀의 곡선을 만들어내는 작업이 의외로 난공사다. 특히 네 귀의 추녀는 각을 맞춰 패널을 잘라내고 조립하는 데 엄청난 품이 든다. 2명씩 두 팀으로 나누어 추녀 두 개씩을 맡아 작업을 진행하는데, 꼬박 하루를 잡아먹어 간신히 완성할 수 있었다.

패널로 2층 벽체와 지붕을 조립해나가고 있다(왼쪽). 패널로 추녀의 곡선을 뽑았다(아래).

배관 팀의 이호범 씨가 올라와 지붕을 보더니, "저건 작품이군" 하고 한마디 한다. "강화에서 샌드위치 패널로 기와지붕 곡선을 만들어내는 사람은 박 사장밖에 없을 거야."

그러자 전기 팀의 이 사장이 덧붙인다.

"강화가 아니라 전국에서도 저 사람 하나뿐일걸. 전에는 처마 곡선 없이 일자로 뽑더니 갈수록 기술이 늘어나네."

오후에는 박 사장과 함께 읍내 경동화물 지점으로 나가 배송되어온 벽난로를 찾고, 오는 길에 친구의 정육점에 들러 삼겹살 5근을 사왔다. 이것이면 7명이 실컷 먹을 것이다.

요즘 일꾼들은 먹는 양이 그다지 많지 않다. 고봉 밥그릇은 옛날 말이

곡선 추녀 작업을 하고 있다.

고, 그냥 식당 밥공기의 그릇 반 정도를 먹고 만다. 그 대신 새참은 거의 빠짐없이 챙겨 먹는다. 아무래도 육체노동을 하다 보니 빨리 속이 비는 탓이다. 하지만 공사장 술타령은 없다. 다들 열심히 성심껏 일한다. 하긴 그렇게 하지 않으면 이 판에서 도태되고 만다. 누가 다음에 그런 사람을 또 불러 일을 시키겠는가. 박 사장이 부르는 건축 일꾼들은 성실하기도 하려니와 모두 기술과 숙련도가 일급들이다. 박 사장의 경쟁력은 그런 데서 나오는 것 같다.

저녁 6시, 일을 마칠 때가 되어서도 네 추녀 중 하나는 미완성으로 남았다.

드라이비트 이야기

공사 52일째.

어제로 내벽과 지붕 작업이 모두 끝나고 외장 팀과 인테리어 팀이 들어왔다. 인테리어 팀은 내부 벽면과 천장, 문짝 등을 맡아서 하고, 외장 팀은 집 외부의 마감을 맡아서 한다.

외부 마감은 창틀 아랫부분까지는 인조 벽돌을 두르고 그 위로는 드라이비트로 마감하기로 했다. 드라이비트 팀은 3명인데, 한국에서 이 분야의 일을 제일 먼저 시작한 윤 사장이라는 사람이 팀장이다. 50대 초반의 윤 사장은 드라이비트 분야에서는 알아주는 실력자로 통한다. 그래서 박 사장도 이 사람에게만 일을 맡긴다고 한다.

한국에서 건물의 외장으로 드라이비트 시공을 하기 시작한 것은 20년 안쪽의 일이다. 1987년경 공법이 들어와 점차 보편화되기 시작했다. 원래 드라이비트란 말은 업체의 상품명으로, 보다 정확하게 표현한다면 외단열공법이라 할 수 있다. 벽체에 스티로폼을 덧대고 그 위에 마감 공법으로 드라이비트를 시공하는 것이다.

드라이비트의 장점을 간추려본다면, 먼저 공사비가 싸다는 점(평방미터당 2~3만 원), 뛰

드라이비트 용 아크릴 수지통.

2층 슬래브 옆면에 드라이비트 작업을 하기 위해 스티로폼을 붙이고 있다.

어난 단열·방수 효과, 구조의 내구성 증가, 다양한 색상의 선택, 벽돌·콘크리트·샌드위치 패널 등 어떤 소재의 벽체에나 시공할 수 있다는 점을 들 수 있다.

시공법은 벽체에다 접착제를 바른 스티로폼을 붙이고 그 위에 보강 유리섬유망(매시)를 씌운 다음 수지 본드 접착제를 바른다. 그리고 아크릴 수지와 화학물질·특수규사를 합성한 마감재로 마무리한다. 규사의 작용으로 표면에 요철 무늬가 나타난다.

접착제는 아크릴 수지로 만든 것으로, 현장에서 시멘트와 1:1의 비율로 섞어서 믹서로 반죽하여 사용한다.

그런데 스티로폼으로 건물의 외부를 빈틈없이 덮씌우는 작업이 여간 품이 많이 들어가는 일이 아니다. 먼저 두께 7cm의 스티로폼을 2층 지붕의 박공과 벽체, 베란다 턱 그리고 1층 벽체까지 빈틈없이 덮는다. 물론 벽면에 맞추어 열선으로 스티로폼을 재단해가며 작업을 진행한다. 세 사람이 붙어서 하루종일 일을 하는데도 벽체 일부는 여전히 맨살을 드러내고 있다. 그도 그럴 것이 벽면의 요철과 굴곡에 따라 스티로폼을 정확히 잘라서 붙여나가야 하기 때문이다.

내 전생은 불목하니

아래층에서는 벽난로 설치 작업이 진행되고 있다.

나는 전생이 불목하니나 배화교도였던지 불 때는 것을 무척이나 좋아한다. 집을 짓는 데 거의 모든 결정사항을 아내가 주도했지만, 거실에 포켓볼 당구대 놓기, 2층 베란다에 탁구대 설치, 그리고 벽난로 놓기만은 내가 관철시킨 사항이다. 사실 아내는 당구대나 벽난로에는 별로 찬성하는 눈치가 아니었다. 벽난로는 돈이 많이 들어가고, 당구대는 거실을 비정상적으로 크게 늘여 그 옆의 현관과 욕실, 세탁실을 좁아지게 하기 때문이다. 예초 1층 25평, 2층 20평으로 설계했던 것이 1층 26평, 2층 22평, 연건평 48평으로 늘어난 것도 그 원흉은 당구대 때문이라 할 수 있다. 1층의 욕실과 세탁실이 옹색할 정도로 좁아지는 통에 조금 더 평수를 늘였고, 1층 내벽을 내력벽으로 하여 2층 골조공사를 할 수밖에 없었던 탓에 자연히 2층 평수가 늘어나게 되었던 것이다.

시공하기 위해 자리를 잡은 벽난로.

어쨌든 벽난로 공사는 생각보다 크고 돈 들어가는 일이었다. 먼저 매입식 벽난로 값부터 만만찮았다. 땔감 톱질할 일을 생각해서 제일 깊은 화실火室(52cm)을 가진 삼미 터보 벽난로를 선택해서 구매했는데, 난로 값만 자그마치 175만 원에다, 이중 스테인리스 이중관 연통이 1m당 12만 원, 8m에 96만 원, 역풍 방지 및 불똥 방지 캡이 15만 원, 도합 연통 부분에만 110만 원이 드는 것이다.

그래서 벽난로만 사기로 하고, 연통은 박 사장이 여기저기 알아본 끝에 인천 검단의 공장에서 직접 사는 것이 유리하다는 판단을 하고 검단까지 나가서 사왔다. 거기서는 연통 1m당 4만 5천 원이라니, 거의 3분의 1값이다. 물론 제품이 같지는 않으나 사용에는 별 지장이 없다고 하니 굳이 비싼 것을 고집할 이유는 없는 것 같다. 그 다른 점이란 것이 스테인리스 이중관 사이에 유리섬유 같은 불연재가 들어가 있느냐 없느냐의 차이다. 그런 점은 굴뚝 내부에 적절한 내연재를 쓰면 충분히 벌충할 수 있는 문제라고 한다.

그런데 그 굴뚝 만들기가 보통 일이 아니었다. 생각 이상으로 엄청난 일거리여서 두 사람이 꼬박 이틀을 매달려야 하는 일이다. 굴뚝 바깥으로는 방화 합판을 대고, 안쪽으로는 벽돌을 쌓아 난로의 열기를 다스려야 한다. 게다가 지붕을 뚫고 연통과 불똥 방지 캡을 설치해야 하며, 굴뚝 몸체에는 인조석을 붙여 장식해야 한다.

이리저리 생각해보니 벽난로 하나 놓는 데 500만 원은 좋이 깨어지는 셈이다. 이거, 내가 너무 호사 떠는 것이 아닌가 하는 생각이 들기도 했지만 그래도 접을 수는 없는 일이다. 이건 호사와는 다른 차원의 것이라고 스스로 합리화한다.

예전에 살던 집에는 흙으로 만든 벽난로가 있었다. 코클이라고 불리는 한국 고유의 벽난로인데, 추운 지방에서 조명 겸 난방용으로 지었던 것이라 한다. 6년 전 전문시공업자를 불러 코클을 지을 때, 다섯 명의 일꾼이 꼬박 나흘 걸려 코클을 완성했다. 생각보다 큰 공사로서, 모래와 벽돌이 각각 한 차씩 들어갔고, 비용은 거의 500만 원 가까이 들었다. 코클이라는 이름은 난로 생김새가 꼭 사람의 코 같다고 하여 붙은 거라는데, 우리 집 난로가 꼭 코끝이 생겼있다.

윗집 할머니가 자주 오셔서 코클 불을 쬐며, "옛날 여자들이 일이 힘들고 먹는 것이 부실해도 잔병이 적었던 것은 모두 부엌에서 불을 땠기 때문이야"라고 하신 말씀이 생각난다. 장작불에서 나오는 원적외선과 음이온 등이 사람의 몸에 좋다는 것은 옛날부터 널리 알려져 있었던 모양이다.

집을 부수기 며칠 전 코클 불을 쬐면서 "이 난로 부시기가 참 아깝네" 하며 아쉬워하셨던 할머니였다.

건강이니 웰빙이니 하는 문제를 떠나서도, 불은 우리에게 여러 가지 편안함과 안식을 준다. 불을 때면 갖가지 상념이 떠오르기도 하고 흐트러졌던 생각이 정리되기도 한다. 마음이 차분히 다스려지며, 생각에도 여유가 생긴다. 또 아무 생각이 없더라도 피어오르는 불길만 보더라도 지루할 줄을 모르게 된다. 옆에 몇 사람이 있든, 서로 대화를 나누든, 아니면 말없이 침묵을 지키든, 불은 서로의 존재에 대해 부담감을 덜어주는 역할을 하기도 한다. 그리고 평소에는 나오지 않던 얘깃거리도 불을 쬐다 보면 더 많이 자연스레 표출되는 것이다. 우리가 자연 불 앞에 둘러앉게 되는 것도 이런 때문이 아닌가 하는 생각도 든다.

아내가 별로 탐탁지 않게 생각해도 내가 벽난로를 끝까지 접지 못하는 이유도 이런 데 있는 것이다.

그런데 벽난로와 코클은 각각 어떤 장단점을 갖고 있는가? 이 기회에 이것을 한번 간단히 정리해두는 것도 집짓기에 도움이 될 것 같다.

먼저 코클의 장점은 우리 전통의 토속적인 멋을 들 수 있겠다. 그리고

벽난로 연통을 지붕 위에서 끼우고 있다.

불이 꺼진 후에도 난로 주변의 황토흙벽이 오래 온기를 지니고 있다는 점도 무시할 수 없는 장점이다. 반대로 단점을 들자면, 코클 입구를 차단하는 문이 없기 때문에 연기와 그을음이 어느 정도 실내로 들어온다는 점, 화력 세기를 조절하는 공기 조절장치가 없다는 점 등이다.

매립형 벽난로는 무엇보다 화구 문짝이 달려 있어 실내로 들어오는 연기와 그을음을 차단할 수 있다는 것이 가장 큰 장점이다. 그리고 공기 유입량을 조절할 수 있는 장치가 있어 불을 피우고 화력을 조절하기가 쉽다. 단점은 깨끗은 하나 멋스러움이 덜하다는 점, 화구문의 강화유리에 끼는 그을음을 수시로 닦아주어야 한다는 점 등이다.

설치비용은 두 가지가 대략 엇비슷하니 개인의 취향에 따라 선택할 문제라고 본다. 다만 기성 난로를 놓기로 할 때, 매립형으로 할 것인가, 노출형으로 할 것인가를 차분히 생각해볼 필요가 있다. 내 경험에 비춰

봤을 때 멋보다는 실용을 중시하는 사람은 노출형이 좋을 듯싶다. 무엇보다 비용이 1/5~1/10 정도밖에 안 들고, 대신 열효율은 거의 두 배이기 때문이다. 그리고 요즘에는 주물 난로도 옛날 학교 교실에서 보던 그런 어설픈 것이 아니라 아주 세련된 물건들이 많이 나온다. 다만 이 노출형은 실내 공간을 많이 차지한다는 단점이 있다.

왜 반자를 대는가?

공사 53일째.

오늘은 대규모의 인원이 투입되었다. 내장 팀이 3명, 미장 팀 2명, 드라이비트 팀 3명 그리고 박 사장과 조수 등 모두 10명이 건물 안팎에서 동시 작업을 진행한다. 박 사장의 속전속결전이다. 골조만 끝나면 눈이 어지러울 정도로 작업이 진행될 거라더니 정말 빈말이 아니다.

내장 팀은 각 방의 문틀을 짜서 끼우는 한편, 2층 내벽에 반자 작업을 한다. 원래 반자란 한옥의 지붕 아래 공간, 곧 더그매를 두고 천장을 평평하게 만드는 시설을 말하는데, 건축현장에서는 벽체 바깥으로 드러난 배선 시설을 감추기 위한 덧대기 시설을 두루 반자라 한다. 반자는 각목으로 틀을 짜서(반자틀이라 함) 벽에가 고정시킨 후 그 위에 합판으로 덧대는 것이다.

그럼 반자는 왜 하는가? 먼저, 조립식 주택의 경우 전선을 감싼 주름 호스를 패널 내부에 스티로폼을 파고 넣기도 하는데, 이럴 경우에는 굳이 반자를 하지 않는다. 그러나 낙뢰가 심한 지역에서 벼락이 쳐서 전선으로 강한 전류가 흘러드는 경우에는 합선을 일으켜 패널 내부의 스티로폼에 불이 붙는 수가 있다. 강한 인화성 물질인 스티로폼에 불이 붙으면, 게다가 철판 속에서 불길이 일어나면 잡을 방도가 없다. 집이 고스란히 다 탈 때까지 그냥 지켜볼 수밖에 없는 것이다. 그래서 상당히 품이 많이 드는 일임에도 불구하고 전선 호스가 노출되어 있는 벽면에는 반자를 설치하는 것이다.

물론 전선 호스가 없는 벽면에는 바로 합판을 붙이고 석고 보드로 마감한다. 그런 벽면은 주로 방의 내벽이다. 전선 호스를 되도록 바깥 벽, 곧 거실 쪽으로 빼내기 때문이다. 그래서 거실은 네 벽에 모두 반자틀을 거는 작업을 해야 한다.

물론 반자 작업에도 박 사장 나름의 법도가 있다. 반자틀 각목의 간격은 보통 45cm로 하는데, 박 사장은 우정 30cm를 주장한다. 45cm 간격 위에 댄 합판은 힘을 가할 경우 때로 깨어지는 수가 있지만, 30cm 간격으로 할 때는 그럴 우려가 없다는 것이다. 한 벽에 각목 두어 개만 더 대면 되는데 하는 김에 튼실하게 하자는 것이 그의 소신이다. 물론 합판도 국산을 쓰지, 중국제는 쓰지 않는다. 잘 부러지기 때문이라 한다.

이 반자작업은 생각 외로 많은 시간이 드는 일이다. 반자틀을 짜서 벽면에 붙이고, 벽면 모양에 맞춰 재단한 합판을 타카(못총)로 반자틀에 부착시킨다. 타카는 압축공기를 사용한 못 박는 도구로, 방아쇠를 당기면 다발총 소리를 내며 연속으로 못이 박힌다. 못은 ㄷ자 모양의 실못도 있고, 플라스틱 띠로 연결된 강철못도 있다. 못총의 발사력은 강력하여 자칫 잘못하면 사람이 크게 다칠 수도 있는 위험한 도구다. 따라서 마치

총기 다루듯이 해야 한다.

"이거 정말 무섭네요. 목수들이 서로 싸우면 겁나겠어요."

내장 팀의 팀장(도목수)인 이동호 씨에게 농삼아 말을 건네니 돌아오는 대답이 의외로 철학적이다.

"그래서 목수가 되기 전에 먼저 인간이 되어라 하지요."

이 팀장은 40대 후반으로, 몸집도 자그마하고 얼굴이 동안이라 보기보다 나이가 어려 보인다. 이 사람의 말이 빈말이 아님은 박 사장의 얘기로 알게 되었다. 공사장의 잡부들은 대개 이들 목수보다 나이가 많은 편인데, 식사 때 나이 많은 잡부보다 먼저 숟가락을 드는 목수가 있으면 이 도목수에게 호통을 듣는다는 것이다.

타카라고 불리는 못총. 아주 조심해서 다뤄야 하는 연장이다.

못총에 장전하는 못.

얘기가 좀 옆길로 샜지만, 어쨌든 합판을 붙이고 나면 그 다음에는 9mm짜리 석고 보드를 그 위에 댄다. 그것도 한 장이 아닌 두 장이다. 20mm짜리 한 장을 대는 것보다 효과가 낫다고 한다. 방음·방염을 위한 것이다. 그러니 방 하나 반자작업을 하려면 수천 번의 못질을 해야 한다. 특히 드릴로 나사못을 박아넣는 작업은 더욱 힘들다. 그 일을 며칠 하다 보면 손아귀 근육이 아파서 숟가락도 들기 힘들어진다고 한다. 원시시대에는

옹벽조와 철골조의 만남 111

천장 반자 작업을 하는 목수들.

기둥 몇 개 세운 움막에서 사람이 살았지만, 현대에는 사람 사는 집 하나 만드는 데 이렇게 엄청난 일손과 자재가 들어가는 것이다.

지붕 마감재가 기와로 바뀐 사연

공사 56일째.

며칠 동안 황사가 심했다. 오늘은 하늘이 말갛다. 햇빛도 가을 햇빛처럼 투명하다. 세상이 몽환적으로 보인다. 빛이 달라지니 이토록 풍경도 딴판이 되고 만다.

현장에서 바라본 아랫마을 풍경. 멀리 외포리 선착장이 보인다.

 이제 2층 반자작업은 천장만 남기고 거의 마무리되고 있다. 두 방은 천장을 수평으로 만들었지만, 거실 천장은 보꾹의 사면을 따라 반자작업을 할 거라 한다. 그래야 거실이 넓고 시원하게 보인다는 것이다. 그런데 천장 대들보가 너무 높아 발판 만드는 것부터가 일거리다. 강관틀 비계를 여럿 갖다놓고 그 위에 굵은 각목을 걸친 후 두꺼운 합판을 얹어 발판을 만든다. 철골 대들보를 합판으로 감싸 커다란 보를 만든다는 것이다. 발판을 만들다 보니 저녁이 다 되어 천상 보 작업은 내일로 넘어갔다.
 외장 팀은 어제 비가 온 관계로 하루 쉬고 오늘부터 일을 다시 시작했다. 매시를 붙이고 접착제를 바르는 작업은 오후에 들어 거의 끝나고, 이제는 앵커 작업에 들어간다. 접착된 매시를 스티로폼에서 떨어져나

옹벽조와 철골조의 만남 113

오지 않게끔 하는, 일종의 못 박기 작업이다. 넓은 쇠태를 끼운 나사못을 망치로 깊이 박아넣은 다음 다시 접착제로 요철이 없도록 평평하게 메꾼다. 건물 1, 2층의 표면을 다 바르고 나니 갖고 온 27통의 수지 본드를 다 썼다. 시멘트를 1 : 1의 비율로 섞었으니, 모두 54통의 접착제가 들어간 셈이다.

참고로, 수지 본드는 일반 시중에서는 판매되지 않고 제조사의 대리점이나 공장에서 직접 주문해 사야 한다는 것이다. 가격은 얼마나 많이 사느냐에 따라 조금씩 다르지만 15리터 한 통에 2만 원 정도 한다고 한다.

내일은 본격적으로 드라이비트 마감 공사를 한다. 하루 정도면 끝날 거라고 한다.

아침부터 지붕 위에서는 또 한 팀의 일꾼들이 작업하고 있었다. 바로 지붕 기와걸이를 만드는 팀이다. 2명 1조로 작업하는데, 긴 각목을 지

봄꽃에 둘러싸인 이웃 할머니의 농가.

기와를 걸 각목을 지붕에 고정시키고 있다.

붕 위에다 가로로 박아나가는 작업이다. 말 그대로 기와를 고정시키기 위한 기초설비다.

　기와는 보통 기와집을 지을 때 이는 구운 흙기와가 아니라, 압축 이중기와다. 이 기와는 암키와·수키와가 붙어 한 장을 이루고, 못으로 기와 걸이에 고정시키게끔 되어 있다. 보통 아스팔트 싱글의 수명이 10~15년으로 본다면, 이 압축기와는 약 40~50년은 간다고 한다. 오래 되면 기와에서 쇳소리가 난다는 것이 기와장이의 말이다.

　애초에 지붕 마감재는 아스팔트 싱글로 하기로 했는데, 박 사장이 "기왕 하는 것이니 기와로 갑시다"고 해서 팔자에 없는 기와집을 짓게 된 것이다. 물론 기와로 결정하게 된 데에는 단순히 내구성뿐만 아니라 안전성도 염두에 둔 측면이 있다. 우리 집은 산 중턱에 있는데다 바다가 가까워 천둥 번개가 많이 친다. 지난여름에는 하도 천둥 번개가 심하여 금방이라도 한 방 얻어맞는 게 아닐까 싶을 정도였다.

기와걸이를 지붕에 고정시키는 작업.

한번은 지축을 흔드는 천둥소리가 났는데, 우리 안의 샛별이가 얼마나 놀랐는지 우리 철망을 뛰어넘어 현관으로 도망쳐온 적도 있다. 현관문을 열어주니 실내로 줄레줄레 들어왔다. 이놈이 보통 때는 실내로 끌어당겨도 안 들어가려고 버티는 놈이었는데, 이번에는 제 발로 걸어들어와 책상 앞에 앉아 있는 아내 옆에 얌전히 앉는다. 아내가 전화 받으러 가자 또 따라가 아내에게 엉덩이를 갖다대고 앉는 것을 보고 우리는 같이 웃었다.

그날 마침내 우리 집도 벼락 한 방을 얻어맞았다. 집이 깨어지는 듯한 소리가 나더니 한순간 실내에 푸른빛이 좌악 퍼지는 걸 다락방에서 보았다. 우리 부부가 다락방에 올라가 쏟아지는 비를 보고 있었을 때였다. 전기 코드를 급히 뽑았지만 이미 늦었다. TV가 나가고 노트북 두 대가 작동 정지되었다. 그 수리비에 적잖은 돈이 들었다.

이런 재난을 기와지붕이 어느 정도 막아줄 수 있다고 박 사장이 말했다. 기와지붕에는 웬만해서는 벼락이 치지 않는 반면, 아스팔트 싱글은 테두리로 두른 구리 띠에 벼락이 때릴 우려가 있다는 것이다. 그러나 일반 전원주택의 지붕 마감재로는 역시 싸고 편리하고 보기 좋은 아스팔트 싱글이 요즘 선호되고 있다.

참고로, 아스팔트 싱글의 경우 시공 단가는 여러 등급이 있긴 하지만, 일반적으로 평당 3~4만 원 정도, 압축 이중기와는 약 10~14만 원 정도 한다고 보면 크게 틀리지 않는다. 참고로, 흙기와는 45~65만 원, 시멘트 기와는 8만 원 선이다.

그런데 지붕 면적은 건물 면적과는 크게 다르다는 점을 염두에 두어야 한다. 바닥면적 30평 집을 싱글로 씌울 경우 약 2.5배인 80평이 나오며, 기와지붕의 경우는 거의 바닥면적의 3배가 나온다. 우리 집 2층은 22평이지만, 지붕면적은 65평으로 계산되었다.

지붕 팀 2명은 점심 먹고 가뿐하게 기와길이 작업을 끝내고 오후 2,3시경 철수했다. 기와 얹기는 내일 한다.

최선을 다하는 사람이 아름답다

공사 57일째.

오늘은 세 개 팀이 집 안팎에서 같이 일한다. 2층에서는 역시 내장 팀이 반자작업을 하고, 바깥에서는 드라이비트 팀이 마감재를 바른다. 그리고 지붕 위에서는 기와 얹기 작업이 벌어지고 있다.

아침 일찍 10톤 트럭으로 기와 2,400장이 들어왔다. 드림판이 달린 초장기와와 여러 가지 막새 등이다. 인원은 모두 6명. 팀장은 허영주 사장으로, 40대 후반으로 보인다. 허 사장은 달포 전 이웃인 보람네 지붕을 새로 얹어준 적이 있다. 그러니 나와는 구면인 셈이다. 그는 보람네 싱글 지붕을 새로 얹어주면서 옵션에도 없는 동 테두리를 둘러주고, 또 차고 지붕이 샌다는 얘기를 듣고는 방수포를 씌워주기도 했다. 지붕이 예상 외로 넓어서 용마루 끝에 싱글 몇 장이 부족했다. "여긴 안 덮어도 되지만 찝찝해서 내일 와서 다시 해야겠어요." 내가 봐도 쪼가리 싱글이 덧대어져 있어 별 문제 없을 것 같았지만, 그는 다음날 새벽같이 와서는 기어이 그 부분을 마감하고는 돌아가는 것이었다. 사무실이 부천인데도 말이다. 멋진 사내라는 생각이 들었다. 자기가 하는 일에 완벽을 기하기 위해 최선을 다하는 사람—그보다 아름다운 사람이 또 있겠는가.

2천 여 장의 기와를 2층 지붕으로 올리는 일은 스카이라 불리는 크레인이 한다. 일종의 사다리 리프트라 할 수 있는데, 세 사람과 기왓장을 싣고 지붕 위 어디로든 올려준다. 조종은 리모트 컨트롤 박스로 한다. 그러니 사람이 무거운 기왓장을 짊어지고 가파른 사다리를 오르는 고역은 필요 없게 되었다. 저 많은 기왓장을 그렇게 나르려면 25명의 인원은 필요하다고 한다.

그러나 스카이 때문에 기와 얹기 작업에는 여섯 명이 투입되었다. 그 중에서 허 사장 외 1명이 기와 작업을 맡고 다른 4명은 보조다. 기와 경력 5년 이상 되어야 비로소 제대로 기와를 얹을 수 있다고 한다.

나머지 4명은 기와를 지붕 위로 옮겨주고 진흙을 뭉쳐 올려주는 등

스카이를 이용해 기왓장을 지붕 곳곳에 올려주고 있다. 예전엔 사람이 등짐으로 날랐지만, 요즘엔 거의 스카이 장비를 이용한다.

보조작업을 한다. 일반 흙기와는 지붕 위에 흙을 한 켜 깔고 그 위에 기와를 얹지만, 이 압축기와는 처마 끝에 얹는 초장기와만 못질하여 기와걸이에 고정시킨 후, 그 위쪽으로 얹는 바닥기와는 기와걸이 각목에 걸게 되어 있다. 바닥기와를 마루까지 올리면 꼭대기에서 마감하는 것이 바로 용마루 틀기다. 이때 기와장이는 용마루 위에 버티고 서서 모든 사람들에게 박수를 치게 한다. 기와로 덮은 두 면 또는 세 면이 만나는 부분이 바로 마루다. 지붕 꼭대기 마루를 용마루라 하고, 다른 마루는 내림마루라 한다.

　마루를 틀 때 높이와 기울기를 잡는 데 진흙 덩이를 쓴다. 아래에서

맨 앞의 기와가 초장기와로, 제일 먼저 얹는 기와다(왼쪽). 내림마루를 틀고 있다. 방향을 잘 잡는 것이 중요하다(아래).

내림마루와 추녀가 완성되었다.

적당한 크기로 진흙을 뭉쳐 공처럼 던져올린다. 김홍도의 풍속화에 나오는 모습 그대로다. 이들은 이 진흙뭉치를 올리라 할 때 "어이, 메주 던져!"라고 소리친다. 무른 뭉치를 원할 때는 "찹쌀떡 던져!" 하고, 좀 단단한 뭉치를 원할 때는 "멥쌀떡 던져!" 한다.

이 내림마루 틀기는 방향을 잘 잡아야 하는데, 아주 숙련된 기와장이가 아니면 할 수 없다고 한다. 마루를 다 틀고 나면 검은 색소를 타서 갠 시멘트로 진흙이 보이지 않게 덮씌운다. 대충 하는 사람들은 색소를 타지 않은 시멘트로 바르고 말기도 한단다.

검은 색소를 타고 시멘트 개는 작업은 허 사장이 직접 한다. 색의 농도를 잘 맞추는 것이 중요하기 때문이다. 날씨가 제법 찬데도 그는 웃통을 벗어붙이고 러닝샤쓰 바람으로 능숙하게 시멘트를 갠다. 키가 헌칠한 사람이 몸도 온통 근육질이다. 옆에서 지켜보던 내가 "허 사장님도 힘 쓰시겠어요" 하니, 씩 웃으면서 "힘으로는 아직까지 남에게 져본 적이 없어요. 누구든 딱 잡기만 하면 꼼짝 못했지요" 하더니 갑자기 활기차게 덧붙인다. "아까 그 스카이 기사 있죠. 고향 친구 동생인데, 옛날엔 나를 바로 쳐다보지도 못

마루를 틀 때 높이와 기울기를 잡는 데 쓸 진흙뭉치를 뭉치고 있다.

용마루를 얹고 있다. 기와얹기의 마무리 작업이다.

했지요."

"고향이 어딘데요?"

"김제."

"흠… 벽골제가 있는 김제. 흐… 김제에서 알아주는 건달이셨군."

마침 박 사장이 옆에 있다. 그 역시 젊은 시절 강화에서 내로라하는 건달이었다 한다. 떡 벌어진 어깨에 뼈도 통뼈다. 그야말로 타고난 강골이다. 내가 한마디 더 툭 던져보았다.

"여기 박 사장님도 한힘 쓰시는 양반인디, 흐…"

그러자 박 사장도 씩 웃으며 끼어든다.

"나도 한때 박차카라 하면 강화에선 모르는 사람이 없었다우."

"박차카? 그게 무슨 뜻이우?" 하고 내가 묻는다.

"착하다는 뜻이죠" 하며 겸연쩍게 히힛 웃는다.

허 사장이 껄껄 웃으며 말한다.

"그러니까 착한 사람끼리 꼭 만나게 된다니까요. 유유상종이라잖아요."

"어… 그러고 보니 정말 그러네" 하고 내가 맞장구치고 셋은 개구쟁이처럼 낄낄거린다.

얘기가 좀 곁길로 흘렀다.

어쨌든 이 압축 이중기와의 시공방법은 조각그림 맞추기처럼 비교적 간단하여, 6명이 65평 지붕 시공을 다 마무리하고 뒷정리까지 하고 나니 딱 저녁 6시다. 참으로 프로라 하지 않을 수 없다. 번듯한 기와지붕이 처마도 적당히 들어올려져 모양새가 잘 나왔다고 하나같이 말한다. 박 사장도 허 사장도 만족을 표한다. 박공 높이도 적당한 것 같다.

저 박공을 이루는 트러스를 만들 때 박 사장은 삼각형 높이를 1.5m로

기와얹기를 마무리하는 광경.

잡았었다. 그러자 용접 제작하는 김재룡 씨와 유석 씨가 "좀 시원하게 끔 높이 잡아요" 하는 바람에 30cm를 더 키웠던 것이다. 기와가 올라가기 전에는 지붕 물매가 너무 가파르지 않나 싶었는데, 이제 보니 적당한 것 같기도 하다. 원안대로 했다면 박공 모양이 납작해져 보기 싫었을 것 같다.

외장 팀은 작업을 일찍 끝내고 기다리는 중이다. 벽체 드라이비트 작업은 거의 끝나고 띠장 작업만 남았다. 띠장이란 건물 모서리와 베란다 턱을 장식하기 위해 벽체와는 달리 좀더 진한 색의 드라이비트로 마감하는 것을 가리킨다. 그런데 내일은 비 소식이 있어 띠장 작업을 할 수 없다고 한다. 빗물이 튈 경우 미처 마르지 않은 띠장의 진한 색이 벽체로 번질 우려가 있기 때문이란다. 그런데도 외장 팀이 철수를 하지 않고 있는 것은 곧 삼겹살 파티가 있기 때문이다. 모처럼 세 팀이 함께 일한 데다 지붕까지 올렸으니 박 사장이 삼겹살을 한번 쏘겠다고 아침에 약

속했던 것이다.

 마당귀에 철망과 숯탄, 몇 장의 벽돌로 간단하게 삼겹살 파티 환경이 조성되고, 고기를 굽기 시작한다. 이 사람들은 고기 굽는 데는 이골이 난 선수들이다. 종이컵을 소줏잔삼아 술이 돌고, 고기는 구워지기가 무섭게 사라진다. 그도 그럴 것이, 서울에서 때맞춰 찾아온 내 후배까지 총원 16명이다. 소주 열 병과 삼겹살 열 근이 순식간에 동이 난다. 고기가 더 남았지만 삼겹살 파티는 한 시간 만인 7시에 끝났다. 요즘 건축 일꾼들은 술이든 음식이든 그렇게 많이 먹지 않는다고 한다. 갈수록 프로다워지는 건가? 하긴 프로가 아니면 이 판에서 살아남기 어려울 것 같다.

 정각 7시에 기와 팀은 철수했다. 허영주 씨도 검댕이 묻은 얼굴 그대로 일행과 함께 봉고차에 오른다.

삼겹살 파티. 일 끝내고 소주 한 잔과 곁들여 먹는 맛은 일품이었다.

"왜 얼굴 안 씻고 가요? 애들 엄마에게 일하고 왔다고 유세하시려나?"

박 사장이 한마디 하자 허 사장도 질세라 대꾸한다.

"첨엔 통했는데 요즘은 더럽게 하고 다닌다고 눈 흘겨요. 호호…"

"어쨌든 오늘 고생하셨어요. 다음 현장에서 만나요."

"예, 다음 현장서 만납시다~."

어둑신한 산길로 차가 떠난다. 나는 손을 흔든다.

높다랗고 시원한 천장

공사 58일째.

어제 일기예보에 오전 중 비 소식이 있었지만, 하늘만 좀 흐린 뿐, 비는 오지 않는다. 비가 온다 하여 드라이비트 팀이 오늘 쉬기로 한 건데, 비는 오지 않고 오후 들자 해가 난다. 이럴 줄 알았으면 어제 못 다한 띠장 작업을 할 건데, 괜히 하루를 공치게 된 윤 사장이 억울하다는 생각이 든다. 드라이비트 작업과 비는 완전 상극이다. 금방 시공한 드라이비트에 비가 오기라도 하면 칠이 모두 줄줄 흘러내려 도로아미타불이 되고 만다.

윤 사장 팀원 세 명 중 가장 연장자가 시성준 씨라는 분인데, 연세가 63세다. 경상도 아저씨로, 경상도 억양과 사투리가 마치 어젯밤 기차로 경상도에서 막 상경한 사람 같다. 물어보니 고향인 대구를 떠난 지가 30년이 넘었다는데도 말이다.

이 아저씨도 드라이비트 일을 한 지가 20년 정도라는데, 한번은 교회 수양관 시설에 시공할 때, 시일에 쫓긴 교회 관계자가 내일 비가 온다는 데도 자기가 책임질 테니 공사를 하라고 하도 독촉해서 일을 한 적이 있다고 한다. 8명을 투입해서 오전 중 일한 것이 수지 본드 57통 분량이 었는데, 그만 소나기가 쏟아지는 바람에 죄다 흘러내려 버렸다고 한다.

시공한 것이 말짱 헛일이 되고 만 것은 물론, 그 많은 도장 부분을 모조리 닦아내느라 작업하던 일꾼들이 모두 걸레를 들고 곤욕을 치렀다는 것이다. 닦아내지 않으면 그 면에 시공을 할 수 없기 때문이다. 57통 분량이라면 우리 집의 27통보다 두 배가 넘는, 약 5백 평은 좋이 되는 면적이다. 시공자의 입장에서 본다면 참으로 기가 찰 노릇이다. 그래도 내가 책임지마고 큰소리치던 그 관계자는 아무 책임도 지지 않았고, 손해는 모두 시공자가 고스란히 떠안고 말았다니, 자고로 자기가 책임지겠다고 큰소리치는 인간 치고는 믿을 놈이 없는 것 같다.

또 믿을 수 없는 인간은 다음 일거리를 엮어주겠다고 달콤한 소리를 해대는 유형이라고 한다. 이런 인간은 나중에 결국 무슨 손해라도 꼭 입히고 만다는 것이다. 공사비를 잘라먹든지, 공짜 일을 강요하기 십상이라는 것이다. 드라이비트 시공자는 일종의 미장이로서 몸으로 때우는 노동자들인데, 그 품값을 떼먹는 사람들이 드물지 않다니, 참으로 야박한 치들이라 하지 않을 수 없다. 그렇게 떼어먹은 재물은 복이 아니라 부정 탄 것으로 그 집안에 화를 불러들이는 법이다. 남의 돈 떼어먹는 놈 치고 잘되는 놈 못 봤다는 속담이 있듯이, 그런 집안은 후손들이 잘 풀리지 않는다고 박 사장이 한마디 거든다.

박 사장의 장점은 요구사항이 깐깐하기는 해도 일이 끝나면 즉시 대

천장 반자 작업을 하고 있다.

천장 몰딩 서까래 작업.

금을 지불하는 것이라 한다. 어떨 때는 빨리 돈 받아가라고 성화를 대기까지 한다는 것이다. 그런데 오늘 같은 날 일을 못했으니 손해가 크다.

"윤 사장님 열 받겠는데요."

박 사장이 개어가는 하늘을 보며 말한다.

외장 팀이 쉬는 바람에 오늘은 내장 팀 셋, 그리고 박 사장, 모두 네 명이 일하게 되었다. 어제 열댓 명이 북적거리던 것에 비하면 아담한 숫자다. 내장 팀은 어제와 마찬가지로 2층 거실 천장의 몰딩 서까래 작업에 매달리고, 박 사장은 혼자 아래층에서 참숯 페인트를 바른다.

먼저, 2층 거실 천장의 몰딩 서까래에 대해—작업실과 방의 천장은 반자를 대어 평평하게 만드는 데 비해, 거실 부분의 천장은 보꾹에다 바로 반자를 대어 경사면을 살리고, 몰딩 서까래를 내려 장식하기로 했다. 그러면 거실 공간이 높아져 보기에도 시원하다는 것이다. 물론 박 사장의 기획이다. 이에 대해 몇 번 그에게 사전 설명을 들었건만, 당최 그런 것을 본 적도, 관심 가진 적도 없는 나는 그냥 박 사장이 알아서 해보라고 맡길 수밖에 없었다. 그런데 모양이 잡혀가는 것을 보니 감도 잡히는 것 같다. 용마루 아래에서 사면을 따라 각목으로 사각 기둥 모양을 만들고, 그 위에 몰딩 판을 붙여 서까래처럼 보이게 만드는 것이다. 그런 서까래를 양사면으로 각각 여섯 개씩 만들어 붙인다. 엄청 일손이 많이 가는 작업이다. 세 명의 목수가 거실 내부 작업에만도 꼬박 이틀이 걸린다. 저녁 무렵에야 몰딩 서까래 작업은 거의 끝났다. 약간의 뒷손질만 남았을 뿐이다.

완성된 거실 천장을 보니 과연 높고 보기에도 그럴 듯하다. 천장 보 가운데에 긴 사슬이 늘어뜨려져 있다. 등을 매달기 위한 것이라 한다.

참숯의 위력

참숯 페인트를 바르자고 먼저 말한 쪽은 박 사장이다.

요즘 새집 증후군이니 시멘트 독이니 하며, 건강에 부쩍 신경이 날카로워져 있는 사람들을 위해 개발된 건축자재로 관심을 끄는 것이 바로 숯이다. 특히 새집 증후군은 아토피 피부병을 일으키는 원인으로 지목되고 있다.

시멘트를 비롯, 각종 건축자재에서 내뿜는 화학물질이 인체에 미치는 악영향을 제거하기 위해 액상 참숯을 바르는 것인데, 그 강한 알칼리 성질과 탈취력으로 시멘트에서 나오는 독성을 중화하고 냄새의 99%를 제거한다고 한다. 그밖에도 '제품효능'에 쓰인 것을 보면, 온·습도 조절로 결로 방지, 원적외선 및 음이온 발산으로 삼림욕 효과, 전자·자장 조정으로 수맥 및 전자파 차단, 곰팡이·바퀴벌레·개미 퇴치로 유해 세균 억제 등이 나열되어 있다.

이러한 내용들이 과연 얼마나 사실에 부합할는지는 확신할 수 없지만, 시멘트의 산성을 중화하여 부식을 막고 강한 탈취력으로 시멘트 가스를 억제하는 효과만은 믿을 수 있을 것 같다. 보통 시멘트가 양성될 때 시멘트 가스가 공기 중에 부옇게 떠도는데, 이 참숯을 바르기만 하면 그런 것이 없을뿐더러 시멘트 냄새까지 전혀 나지 않는 것이다. 우리 조상들이 오랫동안 숯을 간장독에 담근 것은 그러한 숯의 강력한 탈취력을 알고 있었기 때문이리라.

숯의 다른 효능에 대해서는 체험해보고 난 후 이 책의 수정판에서 다시 얘기할 수 있기를 바랄 따름이다.

시멘트 벽에 액상 참숯을 바르고 있다.
참숯의 효능은 놀라울 정도였다.

박 사장은 하루종일 참숯 페인트 두 말로 아래층 시멘트가 노출된 부분에 모두 칠했다. 얼굴이 숯 검댕이가 되어. 칠하고 나니 과연 시멘트 냄새가 거짓말처럼 말끔히 가셔버렸다. 1, 2층 방 세 개에 모두 칠하려면 한 말 정도가 더 있어야겠다고 한다. 바람이 잘 통하는 거실에는 바를 필요가 없지만, 방의 석고 보드 위에도 바른다는 것이다. 2층 방은 패널 벽이라 석고 보드에 한 번만 바르면 되지만, 1층 방은 시멘트에 한 번, 또 반자 위의 석고 보드에 한 번, 두 번을 바르는 셈이다.

참고로 참숯 페인트 한 통(18kg) 값은 36만 원 정도이고, 물을 타서 쓰는데, 제조사에서는 30평 건물에 두 통이 든다고 하지만, 우리의 경험에서 본다면 10평당 한 통은 든다고 보아야 한다.

| Tip

시멘트 독, 정말 해로운가?

언제부터인가 '새집 증후군'이란 말이 사람들의 입에 자주 오르내리게 되었다. 특히 신축 아파트에 이 새집 증후군이 심하여 입주자가 일부러 몇 달씩이나 입주를 미루는 경우가 드물지 않다. 또 입주하더라도 한동안 난방을 세게 하고 환기를 계속 함으로써 건축자재에서 뿜어져나와 공기 중에 떠도는 유해 가스를 배출시키기도 한다.

새집 증후군이란 대체로 신축 가옥에 들어가 삶으로써 나타나는 몸의 이상증상으로, 두통, 피로, 어지럼증, 손발저림, 호흡곤란, 천식, 피부염(아토피) 등의 증상들이다.

이러한 증상들을 가져오는 원인으로는 새집의 도배 본드, 마루 접착제, 수성 페인트, 가구, 벽지 등에 포함되어 있는 포름알데히드 같은 VOC(환경유해물질)와 시멘트 독 등이 꼽힌다. 이 유해물질들은 휘발성 유기성분으로 실내 공기 속을 떠돌다가 사람의 피부 속으로 파고들어가 새집 증후군 같은 이상증상을 일으키는 것이다.

이중에서도 특히 시멘트 독은 오래 전부터 널리 알려진 것으로, 방사성 물질인 라돈과 크롬 등을 수십 년 동안 쉼없이 방출한다. 게다가 시멘트로 만든 콘크리트 구조물은 엄청난 온기를 빼앗아가는 냉복사열도 내뿜는다(시멘트 위에서 자지 마세요).

이러한 콘크리트 구조물의 독성과 폐해를 잘 알고 있는 선진국에서는 콘크리트 독성물질을 강력히 규제하고 있지만, 아직 한국에서는 그 대비가 아주 미흡한 실정이다. 그래서 사람들이 저마다 그에 대처하는 방법으로 집 안 곳곳에 숯을 놓거나, 새 아파트 입주를 몇 달간 늦추거나 하는 것이다.

요즘에는 아파트 시공사에서 옵션으로 모든 건축자재에서 휘발성 유기성분의 사

| Tip

용을 배제한 바이오세라믹 시공을 하기도 한다. 또 개별적으로는 '베이크트 아웃(baked out)'이라는 방법이 있는데, 이는 보일러를 3일 동안 30도 이상으로 계속 틀어 새 아파트의 유해성분을 날려버리는 것이다. 천연벽지를 바르고 액상 참숯을 시멘트 벽에 칠하는 것도 새집 증후군을 없애는 방법 중의 하나다. 앞으로도 숯의 효용은 계속 늘어날 것으로 보인다.

완성된 주방과 식탁. 옛집에서는 주방과 거실이
분리되어 있어 부엌일하기가 싫었지만,
지금은 부엌일이 즐겁다고 아내가 흐뭇해한다.

1층 복도 끝의 창은 아내의 발상이다. 저곳을 막아 세탁실·욕실을 넓게 쓰는 것이 효율적이라는 의견도, 이웃 할머니 집이 보이는 동쪽 창을 포기시키진 못했다.

ⓒ김홍희

1층 거실. 소파 뒤의 창은 보통 픽스 창이라 불리는
고정 창이다. 거실이 좀 비정상적으로 큰 것은
애초 당구대를 놓기 위함이었는데, 그래도 여전히
당구대 놓기에는 좁아 눈물을 머금고 거실로 내주고 말았다.

거실이 식탁으로 주방 공간과
구분되었을 뿐, 같이 붙어 있어
주방 요원의 소외감을
덜어주는 효능을 발휘한다.

4

아름다운 공간을
창조하는 사람들

내장 작업은 총력전으로

공사 59일째.

오늘은 작업장이 어제와는 사뭇 다른 분위기다. 내장 부분에 작업팀이 한 팀 더 투입되었다. 저번에 거푸집 작업 때 같이 일한 정근 씨와 또 한 사람의 청년이 1층 방의 반자작업을 맡았다. 1층 거실과 주방, 계단 등의 내장에 총력전을 펴는 모양이다.

그리고 바깥에서는 드라이비트 팀이 작업을 하고 있다. 이 팀의 인원은 윤 사장과 시성준 아저씨 2명이다. 오늘 작업은 띠장뿐이라 두 명으로 충분한 모양이다. 건물 모서리와 베란다 턱 부분에 황토색 띠장을 두르는데, 옆의 벽체에 색이 섞이지 않게 하기 위해 청테이프를 붙이고 미장을 한다. 차분한 띠장 색깔이 벽체의 베이지색과 잘 어울린다. 아내가 선택한 배색이다. 박 사장은 이 배색이 선명히 도드라져 보이지 않는 것이 조금 마음에 들지 않는 듯하다. 그러면서 "나는 영업집 인테리어를 많이 해봐서 조금 요란한 것을 좋아하는 편이죠" 한다.

2층에서 작업하는 또 한 팀이 있다. 이호범 씨의 배관 팀이다. 팀이라야 함께 데리고 하는 조수 청년과 단둘이지만. 욕실 콘크리트 바닥 여기저기를 코어드릴로 크고 작은 구멍을 뚫는다. 코어드릴은 원통형 파이프처럼 생긴 주둥이에 톱니 같은 이빨이 일정 간격으로 돌아가며 나 있는 것으로, 그것이 맹렬한 속도로 돌면서 콘크리트를 원형으로 잘라내는 것이다. 콘크리트 속에 박혀 있는 철근도 여지없이 잘라버린다. 상하수관과 난방용 파이프가 지나갈 구멍들이다.

어쨌든 건축하는 이들에겐 강철이건 콘크리트건 바윗돌이건 무엇이건 간에 못 뚫을 게 없고, 못 자를 게 없고, 못 붙일 게 없다. 쇠파이프에도 강철못을 못총으로 쏘아 박는다. 2층 천장의 반자틀은 그렇게 하여 매단 것이다.

전동 커터로 콘크리트 벽을 따고 해머드릴로 바닥을 파나가는 데 먼지가 엄청 난다. 건축공사 중에서도 이 분야가 3D업종일 것 같다고 하니, 박 사장이 그렇다고 한다. 그래서 돼지고기를 많이 먹어야 한다고 덧붙인다. 분진을 흡수하는 집진장치를 갖춘 기계들도 있지만, 가격이 워낙 비싸 장만할 엄두를 내지 못한다고 한다. 불쌍한 배관 팀. 얼마 후 밖으로 나온 이호범 씨를 보니 머리고 옷이고 간에 시멘트 가루를 온통 뒤집어써 가뜩이나 몸피가 큰 사람이 마치 백곰처럼 보인다.

하지만 호범 씨는 보기와는 달리 일하는 품새가 아주 꼼꼼하다. 그럴 수밖에 없을 것이다. 배관이란 벽체나 바닥을 뚫고 상하수관과 난방용 파이프 등을 설치하는 일인데, 여기에 하자가 생기면 다시 벽이나 바닥을 뜯어내고 수리해야 하니, 보통 골치 아픈 일이 아니다. 공사 후 한밤중에 난방이 안 들어온다고 전화가 오는 때도 드물지 않다고 한다. 달려가 보면 대개는 노인네들이라 보일러 스위치 조작을 잘못한 경우가 대부분이지만.

일량이 적은 드라이비트 팀은 오후 3시경 박공의 삼각형 띠장까지 모두 완성하고 철수했다. 하지만 이것으로 다 끝난 것은 아니라고 한다. 땅바닥에 닿은 기초 부분의 콘크리트에도 매시 두르기 작업을 해달라

화장실의 코어드릴 작업(맨위). 코어드릴로 뚫은 시멘트 바닥. 파이프가 지나갈 구멍이다(가운데). 코어드릴 날. 맹렬한 속도로 돌아가며 시멘트를 절단한다(아래).

거실 바깥창. 무게가 200㎏이나 나가 장정 4명이 들어야 한다. 큰 창인데도 격자 창을 선택한 것은 새들의 박치기를 막기 위함이다.

고 박 사장이 부탁했다는 것이다. "그런 데까지 매시 작업을 해달라는 사람은 박 사장밖에 없어요" 하고 말한 윤 사장은 박 사장을 돌아보며, "하지만 안할 수가 있나요. 안하면 혼나는데…" 하고는 사람 좋은 웃음을 허허 웃는다. 윤 사장의 봉고차가 시동을 걸고 구르기 시작하자 박 사장이 소리친다.

"고생 많이 하셨어요. 또 전화 때릴게요."

창문이 들어온 것은 점심때가 조금 지난 후였다. 각 방의 창문과, 복도와 층계참의 픽스 창, 그리고 거실의 큰 창들이다. 모두 맞춤 창으로, 바깥창은 8mm 겹창으로 그린과 투명이고, 안창은 5mm 그린이다. 겹창 역시 보통은 5mm 유리를 쓰는데, 박 사장은 8mm로 주문한 것이다.

그러니 창문 무게가 보통이 아니다. 특히 거실 큰 창은 거의 200kg이나 되어 장정 네 명이 들러붙어 간신히 들어 옮길 정도다.

애초에 박 사장은 안팎의 창유리 세 장을 모두 그린으로 하자면서, 그래야 밖에서 집 안이 잘 들여다보이지 않는다는 것이다. 하지만 나는 풍경을, 아니 모든 것을 제 빛깔로 보기를 좋아한다. 그래서 10년 타고 다닌 나의 갤로프 지프차도 조수석을 제외하곤 맨유리 그대로다. 나는 선팅을 별로 좋아하지 않는다. 조수석은 아내가 햇볕이 뜨겁다고 해서 지난해 여름에야 딱 한 장만 했다. 선팅하는 사람이 자기가 10년 이상 오래 이 일을 했지만 달랑 차유리 한 장만 선팅하자는 사람은 처음 본다면서 의아한 눈빛으로 나를 보았다.

박 사장의 제안대로 세 장의 유리를 모두 그린으로 한다면 외부의 시선을 완전히 차단할 수야 있겠지만, 내가 답답해서 견디기 힘들 것 같았다. 바깥 풍경이 늘 어둑하게 보일 게 아닌가. 우리 집 창은 많기도 하려니와 크기도 크다. 창문 면적이 보통 주택의 두 배가 넘는다. 모두 바깥을 잘 내다보기 위함인데, 그린 석 장을 넣어 색안경 낀 듯한 기분으로 살 수는 없는 일이라, 내 '독단'으로 1, 2층 거실 창과 작업실 창은 그린을 한 장, 나머지 창은 겹창은 그린, 투명, 안창은 그린으로 넣기로 한 것이다. 이 집을 지으면서 아내와 상의하지 않고 내 독단으로 한 유일한 것이다.

창문 이야기

오래 전 언젠가 책에서 읽은 "사람이 사는 집에는 창이 있다. 죽은 자의 집(유택)에는 창이 없다"란 구절이 아직도 생생하게 기억에 남아 있다. 이처럼 창이 없는 집이란 생각도 할 수도 없다. 특히 자연이 좋아 시골에서 살기 위해 전원주택을 짓는 데는 창문에 대해 많은 고려를 할 수밖에 없다.

창이란 일정한 자연공간을 폐쇄한 집이라는 구조물 속에서도 '통과'와 '차단'이라는 상반된 기능을 가진 것이다. 바람과 공기, 빛, 때로는 사람 등을 통과시키지만, 때로는 이들을 막아야 한다. 그래서 창의 기밀성이란 창의 가장 본질적인 기능이다. 비와 찬바람을 마구 통과시키는 창문은 떼어내거나 손을 봐야 하는 창이다. 창의 기밀성을 높이기 위한 노력은 오랜 역사를 갖고 있으며 아직도 계속되고 있다.

주택의 창은 제작상 대략 다음 세 가지로 나뉜다. 곧, 기성 창과 맞춤 창, 시스템 창이다.

기성 창은 말 그대로 공장에서 생산해내는 기성품 규격 창이고, 맞춤 창은 전문 샤시 업자가 주문을 받아 제작하는 창이다. 따라서 기성 창은 창문 크기를 규격에 맞게 시공한 창문자리에다 끼워 맞추면 되고, 맞춤 창은 창 크기를 마음대로 할 수 있는 것이다. 또 맞춤 창은 플라스틱 창틀 속에 쇠로 된 보강 심이 들어가는 경우가 대부분인 데 반해, 기성 창은 보강 심이 없어 큰 창틀의 경우 휘둘리는 단점이 있다. 이런 이유 등으로 맞춤 창이 기성 창에 비해 약 30% 정도 비싸다.

창유리는 보통 바깥창은 5mm 겹창을 끼우고 안창은 홑창이다. 겹창을 하는 것은 유리 사이의 공기층을 두어 단열을 좋게 하기 위함이다.

취향에 따라 엷은 초록, 갈색 등의 색유리를 쓰기도 한다.

참고로 맞춤 창의 단가 계산법을 간단히 설명하자면, 가로 세로 1.5m의 5mm 창을 예로 들 때 평수 계산법은 1.5×1.5×11=22.5(평). 안팎 두 짝이므로 여기에 2를 곱하면 45평이 나온다. 11을 먼저 곱한 것은 유리창 평수는 가로 세로 30cm를 1평으로 치기 때문이다. 샤시 값은 평당 약 7,000원으로 315,000원, 유리는 겹유리가 평당 3,000원(격자가 들어가면 4,500원)으로 25(평)×3,000=75,000원, 안창이 평당 1,500원으로 37,500원, 합이 427,500원이 된다. 이처럼 창문 값은 생각보다 비싸다. 그래서 업자들은 창이 크고 많은 집의 설계를 별로 선호하지 않는 것이다.

바깥창틀은 알루미늄이고 안창틀은 플라스틱이다. 맞춤 창은 창틀의 비틀림을 막기 위해 보강심이 들어 있다.

다음으로, 요즘 인구에 자주 회자되는 시스템 창.

이 창의 본질적인 특징은 여느 창과는 달리 창문을 여닫는 방법이 2, 3가지가 된다는 점이다. 슬라이딩, 턴, 틸트, 케이스먼트(회전식 핸들을 돌려 바깥으로 여는 방식) 등이다. 또한 단열, 방음이 뛰어나며, 빗물이 흘러드는 것을 막는 수밀성, 강풍에도 창문이 덜컹거리지 않는 내풍압성도 우수하다. 그런데 그 값이 무척 비싼 것이 흠이다. 일반 창의 4, 5배는 너끈히 나간다. 한국에서는 보통 틀은 독일산을 수입하고 유리는 국산을 끼운다. 웬만한 주택을 시스템 창으로 시공하면 수천만 원은 좋이 든다고 하니, 서민용은 결코 아닌 셈이다.

창을 많이, 크게 만들면 그만큼 돈이 많이 든다. 그래도 요즘 추세는 그렇게 가고 있다. 주택건축에서 단열기법이 많이 발달하여 예전처럼 열손실을 크게 걱정하지 않아도 되기 때문이다.

드라이비트와 파벽석의 만남

공사 60일째.
집을 부순 지 오늘로 딱 두 달이 되었다. 우리 부부의 여관방 생활도 역시 두 달이 되었고.

오늘은 타일 팀 3명이 들어왔다. 벽체 아랫부분에 파벽석 붙이기 작업을 하기 위해서다. 집 전체를 드라이비트로 마감하거나, 아니면 붉은 벽돌로 다 감을 수도 있지만(전에 살던 집은 조립식에 붉은 벽돌을 감은 것이었다), 좀 재미가 없을 듯하여 이 방식을 택한 것이다.

드라이비트로 2층 건물을 다 마감했을 경우는 그 색상이 어떠하든 간에 좀 밋밋한 느낌이 들 것 같고, 그렇다고 벽돌 마감을 했을 경우에는 너무 무거운 느낌이 들 것 같았다. 반면에, 창 아래턱쯤까지는 붉은 벽돌 느낌의 파벽석을 붙이고 그 위로는 드라이비트 마감을 한다면 좀 산뜻한 느낌이 들지 않을까 싶었던 것이다. 이는 물론 인근의 어떤 집을 벤치마킹한 것이다.

파벽석은 벽돌 옆면 면적 크기에 두께 1.5cm 가량의 일종의 인조석이다. 타일본드를 시공할 면에 바르고 그 위에 붙인 다음 줄눈(공사장에서 흔히 쓰는 '메지'는 일본말. 벽돌 이음매)을 넣으면 꼭 벽돌처럼 보인다. 물론 색상은 여러 가지가 있다. 내부 마감재로도 많이 쓰이며, 패널 벽면에 이것을 붙일 경우, 먼저 매시 작업을 한 후 압착 시멘트를 바르고 그 위에 붙인다. 시공단가는 1평방미터당 약 2만 5천 원 정도. 벽돌 감는 거나 드라이비트 단가랑 거의 비슷한 수준이다(공사장에서는 1평방미터를 '헤베', 1입

외벽에 파벽석을 붙이고 있다. 벽돌 효과를 내는 이것은 두께 1.5cm 가량의 인조석이다.

방미터를 '루베'라 하는데, 이 역시 일본말이다. 언어순화를 해야 할 텐데…).

　타일 시공은 내외장 공사 중 샤시 일과 함께 가장 깨끗한 일에 속한다. 그래서 공사판에서는 타일은 넥타이 매고도 할 수 있는 일이라들 한다. 실제로 타일 팀의 팀장은 별로 힘한 일을 안한다. 아랫사람이 압착 시멘트를 반죽하고 벽면에 바르면 팀장은 타일 줄을 맞춰 첫 타일을 붙이고 타일 간격을 살피며 타일을 붙여나간다. 보조 한 명은 타일 상자를 져나르고 시멘트 반죽을 하고 타일을 자르는 등의 일을 한다. 원형 톱으로 타일을 자를 때 먼지가 엄청 나온다. 어느 분야든지 아랫사람 고달픈 것은 매일반인가 보다.

　굴뚝에 붙이는 타일은 회색과 검은색이 섞인 타일이다. 포인트라 해서 박 사장이 다른 타일을 선택한 모양이다. 전체적으로 점잖은 색이다. 이 집을 지을 때 박 사장에게 제시한 컨셉은 두 가지였다. 전문적인 부

1층 천장의 반자 작업. 각목을 엮고 합판을 붙이는 작업이다(위). 층계참 아래 공간에 냉장고 넣을 수납 공간을 만들고 있다(왼쪽).

분은 박 사장이 알아서 결정할 것, 튀지 않게끔 단순 소박하게 갈 것. 그런데 생각보다 집이 보기에 웅장하게 되어가고 있어 신경이 쓰인다.

저녁 무렵이 되니 타일이 아래층은 한 바퀴 다 둘러졌다. 내일 하루는 더 일해야 위층을 마무리할 수 있을 것 같다.

내장 팀은 1층의 반자작업을 거의 끝내가고 있다. 계단 아래 수납공간을 만드는 작업이 많은 시간을 잡아먹었다. 주로 이동호 도목수가 그 작업을 맡아서 하고 있다. 기둥으로 세우는 굵은 각목은 수입 건조목이라 한다. 뒤틀림을 방지하기 위한 것이다. 층계참 아래에는 키 작고 아담한 다용도 창고가 만들어졌고, 계단 아래에는 냉장고 등의 수납공간이 생겼다. 알뜰한 공간 활용이다. 아내는 계단을 오르는 옆 벽면에 그림과 사진들을 붙여 꾸밀 즐거운 구상을 하고 있다. 정다운 공간이 될 것 같다.

아름다운 레드 파인 루버

공사 62일째.
오늘 일하는 팀은 두 팀이다.
내장 팀은 어제 1층 반자 작업을 다 끝내고 오늘은 거실에 루버를 치는 시작했다. 바깥 파벽석에 줄눈 넣는 작업은 아직 시작되지 않고 있다. 줄눈 팀이 도착하지 않았기 때문이다. 어제 강인타일 사장에게 줄눈 작업을 반드시 내일 하도록 하라고 박 사장이 압력을 가하는 걸 보았다.

타일 구매를 읍내 강인타일에서 했는데, 그 시공까지 맡긴 모양이다. 박 사장이 내일 줄눈 작업을 마치도록 강하게 말한 것은 모레 비소식이 있기 때문이다. 비가 오면 설치된 비계에서 빗물이 튀어 건물 벽을 더럽힐 우려가 있기 때문이다. 그렇다고 줄눈 작업을 하기 전에 비계를 떼낼 수도 없는 일이다.

줄눈 팀은 부천에서 출발하여 9시 반까지 들어온다고 했는데 10시가 다 되도록 오지 않고 있다. 어쨌든 오늘 줄눈 작업을 하게 되니 내일 비계를 해체하는 데는 문제가 없는 셈이다.

거실 루버 작업은 천장부터 시작되었다. 루버는 스웨덴 산 레드 파인 옹이 루버다. 원래 루버(louver)란 채광이나 환기를 위해 창문 따위에 길고 좁다란 판자로 미늘처럼 만든 것을 말한다. 안에서는 밖이 잘 보이지만 밖에서는 안이 잘 안 보이는 방향성을 갖고 있다. 그런데 보통 건축

1층 천장에 레드 파인으로 루버를 붙이고 있다. 루버는 타카로 반자에다 고정시킨다.

현장에서 말하는 루버는 돌기와 홈을 가진 긴 널빤지로 서로 끼우게끔 되어 있는 내장용 마감재를 뜻한다.

거실 내장용으로 선택한 루버는 스웨덴 산 레드 파인 옹이 루버다. 이 루버는 인위적으로 가꾼 스웨덴 산 30년 된 레인 파인 나무로 만들어진 만큼 나이테가 촘촘하고 결이 아름다워 천장·벽체용으로 많이 쓰이는 고급 내부 마감재이다. 같은 소재로 만든 몰딩도 있었는데, 가격이 비싼 데다 수요도 많지 않아 요즘은 생산이 안되고 있다. 그래서 그냥 같은 루버를 켜서 몰딩을 한다. 이 스웨덴 산 레드 파인은 한국의 홍송과는 또 다른 수종이다. 한국의 홍송이나 다른 소나무로 루버를 못 만드는 것은 송진이 많이 나오기 때문이라고 나무 전문가인 대성특수목재 이 사장이 말한다. 이 공사에 루버를 납품한 그는 레드 파인 루버는 옹이가 살아 있어 빠져나가는 법이 없고(옹이가 따로 놀아 잘 빠지는 것을 죽은 옹이라 한다), 시간이 갈수록 색이 진하고 차분하게 가라앉아 보기 좋아지므로 결코 후회하지 않는 선택이 될 것이라고 한다.

사실 애초 집을 지으려 할 때는 이 같은 고급 자재를 쓸 작정은 아니었다. 그냥 천연벽지 정도를 바를 생각이었는데, 나무를 워낙 좋아하는 아내가 박 사장에게 거실 아랫부분만이라도 루버 두르고 싶다고 하자, 박 사장이 "그럼 아예 화끈하게 거실 전체를 루버로 가도록 하죠"라고 맞장구를 치고 만 것이다. 이 거실에는 창문도 많고 하니 루버가 그렇게 많이 들어가지는 않을 거라면서 호언을 한 것이다. 이리하여 집은 우리가 처음 예상했던 것과는 다른 행로를 스스로 가고 있다.

10시 좀 넘어 줄눈 팀 두 명이 들어와 작업을 시작했다. 커피색 줄눈을 넣을 거라 한다. 합판 두 장을 펼쳐놓고 접착 시멘트를 쏟아붓는다.

수북이 쌓인 것을 보니 커피보다는 코코아같이 보인다. 물을 조금씩 붓고 개기 시작한다. 보통 시멘트처럼 죽처럼 개는 것이 아니라 푸설푸설하게 개더니 그것을 그냥 시멘트 포대에 퍼담는다. 가느다란 줄눈 흙손으로 줄눈을 넣을 때도 반죽이 푸설푸설 떨어져내린다. 그래서 바닥에 합판 쪼가리를 깔아 떨어지는 가루를 받아 모은다. 이게 제대로 접착되느냐고 물으니, 2, 3시간 후면 굳어지기 시작하고 완전히 굳으면 돌처럼 단단해진다고 한다.

두 사람 다 일류들인지 가루 같은 접착제를 능숙한 솜씨로 발라나간다. 작업속도가 상당히 빨라 오후 4시쯤 갖고 온 다섯 포대를 다 발랐다. 전체 작업량의 반 가량은 한 셈이다. 접착 시멘트 재고가 없어 내일 다섯 포대를 더 갖고 와 나머지 작업을 끝낼 거라 한다.

40대 초반 또는 중반으로 보이는 두 사람은 보기에도 고생을 한 티가 얼굴에 그대로 드러나 있다. 성격도 순박한 거 같다. 점심식사 후 내가

파벽석 사이를 메우는 줄눈 작업.

커피 믹스로 커피를 타니 옆에 와서 하나하나 저어준다. 그러고는 두 잔을 갖고 나가 한 잔은 동료에게 건넨다. 문득 안쓰러운 마음이 든다. 아, 내가 결국 돈이 있다고 저 사람들을 부려 이런 집을 짓는구나 하는 생각이 든다. 저 사람들은 이런 집에서 살지 못할 텐데. 그런 생각이 쉬 머리에서 떠나지 않는다. 저녁에 여관방으로 돌아와 아내에게 그런 생각을 말했더니 아내도 수긍하는 눈빛이다.

일손 많이 가는 배관작업

공사 63일째.

하늘이 끄무레하다. 일기예보대로라면 오늘밤 늦게 비가 온다. 그렇다면 작업에는 지장이 없다.

아침 일찍부터 줄눈 팀은 나와서 일을 한 모양이다. 10시쯤 나가 보니 벌써 일의 끝이 보이고 있다. 이 일을 마치는 대로 다른 데로 가서 할 일이 있다는 것이다. 과연 12시 좀 못 미쳐 줄눈작업은 모두 마무리되었다. 점심을 먹고 커피를 한 잔 하고는 쉴 틈도 없이 떠날 채비를 한다. 쓰고 남은 접착 시멘트 포대와 연장들을 챙겨 차에다 싣는다. 일이 있는 한 쉬지 않는 사람들이다. 늘 그런 생활인 모양이다. 연락처를 물으니 강인타일로 연락하면 언제든 연락이 닿을 기라면서 다음 작업장을 향해 서둘러 떠난다.

안에서는 어제에 이어 오늘도 거실 루버 작업이 한창이다. 굴곡이 많

마당에 맨홀을 묻고 배수관을 연결, 빗물이 지표를 깎아내지 않게 한다.

은 계단 아래 수납공간과 복도의 루버 작업이 까다로워 시간이 걸린다. 그래도 오늘만 하면 거의 마무리될 것 같다. 루버가 점차 거실 공간을 채워가니 나무가 풍기는 아늑함이 느껴진다. 게다가 거실과 주방이 같은 공간에 있어 실내가 제법 널찍해, 이 정도면 찻집을 해도 될 것 같아 보인다.

박 사장과 조민식 씨는 바깥에서 비계를 해체하느라 쿵쾅거린다. 합판을 내려뜨리고 굵은 쇠 파이프를 쓰러뜨린다. 때로는 여러 사람이 나가서 쇠 파이프를 잡아주기도 한다. 자칫 잘못하다가 쇠 파이프가 집 쪽으로 쓰러지면 큰일이기 때문이다. 비계 해체작업을 할 때부터 빗방울이 하나둘 떨어지기 시작하더니 작업이 끝나자 얼마 안되어 본격적으로 쏟아지기 시작한다. 천둥까지 쳐댄다. 빗물이 고랑이 지어 흘러내린다. 급히 비닐로 집 주위를 감싼다. 혹시 빗물이 튀어 덜 마른 줄눈이 벽

난방용 파이프를 까는 모습. 온수가 똬리처럼 튼 파이프를 따라 들어와 한 바퀴 돌며 빠져나가게 함으로써 열효율을 높여준다고 한다.

에 얼룩질까 봐서다. 내일도 계속 비가 온다고 하니, 오늘 줄눈작업을 끝내지 못했으면 공사 지연은 말할 것도 없고 여러 가지로 골치 아플 뻔했다. 박 사장의 추진력은 알아줄 만하다.

아침부터 일한 팀이 또 있다. 이호범 씨의 배관 팀이다. 2층에서 둘이 난방용 파이프를 까는 작업을 하고 있다. 시멘트 바닥 위에 먼저 10cm짜리 스티로폼을 깔고, 그 위에 은박지 매트를 씌운다. 은박지 매트를 까는 이유를 물었더니, 배관을 하는 이호범 씨의 말이 은박지 매트가 3~5도 정도 단열효과를 높여준다고 한다.

매트 위에는 다시 와이어 매시를 깔고 그 위에 파이프를 이리저리 돌려 접속선으로 매시에 고정시킨다. 각 방의 중심에는 항상 파이프가 태극 무늬처럼 돌아가며 똬리 틀듯이 깔린다. 파이프 곳곳에는 U핀이라 불리는 플라스틱 핀을 박아넣어 바닥의 스티로폼에 고정시킨다. 시멘트 타설을 할 때 파이프가 들뜨는 것을 방지하기 위한 것이라 한다. 파이프를 다 깐 다음에는 농사용 차광막으로 쓰는 검정 비닐망을 그 위에 덮어씌운다. 이 역시 파이프를 제자리에 안정시키는 효과와 함께 시멘트의 강도를 높이기 위한 것이라 한다. 오후 늦게 2층의 배관작업은 마무리되었다. 내일은 1층에 배관작업을 할 거라 한다.

그 일정은 박 사장이 정한 것으로, 따라서 내장 팀은 오늘 안으로 1층의 루버 작업을 마무리지어야 한다. 바닥을 말끔히 비워줘야 하기 때문이다. 그 탓에 저녁 7시까지 내장 팀은 복도 벽 루버 작업을 다 끝내고야 일을 마쳤다. 항상 이렇게 강행군이다.

합판과 스티로폼 이야기

집을 짓다 보니 건축과 건축자재에 대해 기왕에 갖고 있던 인식에 많은 변화가 일어남을 느끼게 되는데, 합판과 스티로폼에 대한 인식이 그중 하나다.

주위에 흔히 굴러다니는 합판과 스티로폼을 볼 때 사실 나의 주된 느낌은 하찮음과 성가심이었다. 합판이란 태우면 시커먼 연기가 나고 불심도 없어 땔감으로도 쓸모가 없고, 그렇다고 쓰레기로 처리하기도 손쉽지가 않다. 또 스티로폼이란 얼마나 성가신 존재인가. 포장지 등으로 쓸 때는 값도 싸고 편리하지만, 쓰고 나서는 이 역시 처치 곤란한 물건이다. 게다가 잘 부스러져 이리저리 날리고 굴러다니면 이웃간에도 얼굴을 붉히기 십상이다.

그런데 건축현장에서 만나는 합판과 스티로폼은 전혀 다른 얼굴이다. 도대체 합판과 스티로폼이 없이 집을 지을 수 있을까 하는 생각이 들 정도로 그 존재감은 엄청나다. 결론적으로 말하자면, 이 두 존재가 없이는 어떤 집도, 건축도 불가능할 거라고 본다. 먼저 합판을 보면, 이것 없이는 내장 자체가 불가능하다. 내부 마감을 하기 위해 가장 먼저 벽면에 붙이는 것이 이 합판이고, 어떤 모양을 만들 때도 합판으로 먼저 형태를 구성한다. 보기에는 얄팍하고 휘청거리는 자재이지만, 이 합판이 있음으로써 값싸고 편리하게 내장을 할 수 있는 것이다.

이 합판의 역사도 알고 보니 유구하다. 고대의 사람들도 합판을 만들어 썼다. 기원전 1325년경의 이집트 왕 투탕카멘의 무덤에서 발굴한 삼나무 상자가 합판으로 만들어진 것이었다. 합판을 만들기 위해서는 단판(베니어)을 붙이는데, 단판을 포개어 붙이는 접착기술이 당시보다 훨

합판으로 만든 계단 난간.

스티로폼을 나르는 것이 흡사 곡예를 보는 것 같다. 98%가 공기라니 가볍기는 한 모양이다.

씬 이전부터 발달되었다고 한다.

요즘 주로 쓰이는 합판은 침엽수재 합판으로, 그 기원은 20세기 초 미국이다. 1차 세계대전 기간 중 구조용 목재에 대한 수요가 급증했는데, 제재목에 대한 대체품으로 침엽수 합판 성장이 촉진되었다. 그러나 1935년 이전까지는 성능이 우수한 접착제가 개발되지 않아 외장용으로 사용하는 데 제약이 따랐으나, 성능 좋은 접착제의 출현으로 침엽수 합판공업이 급속한 성장을 거듭하면서 오늘에 이르렀다. 큰 목재의 부족과 질 나쁜 목재의 한계를 극복할 수 있는 대안을 합판에서 찾았기 때문이다. 이는 인류의 소중한 자산인 숲을 보호하는 길이기도 하다.

합판을 만드는 방법은 단판을 여러 겹 포개어 붙이는 것으로, 표판과 이판의 섬유방향이 같아지도록 3, 5, 7 등 홀수로 붙인다. 원목을 잘라 단판을 만드는 방법으로는, 원목 중심을 축으로 하여 회전시키면서 종이 두루마리 펴듯 칼로 오려내는 로터리 법과, 상하 운동하는 칼로 얇게 오려내는 슬라이스 법이 있다. 후자의 경우 최대 너비가 원목 지름에 한정되는 단점이 있으나 아름다운 나뭇결을 살릴 수 있는 장점이 있다. 용재로는 남양재, 특히 나왕이 가장 많이 사용된다. 겹쳐진 단판은 접착제의 송류에 따라 상온가압 또는 열압熱壓을 가해 만든다.

합판 생산량은 지난 수십 년 동안 증가 일로에 있으며, 현재 미국이 생산량의 40% 이상을 점하고 있다.

스티로폼은 부피의 98%가 공기이고 나머지 2%가 수지인 물질이다. 뛰어난 단열효과는 이 비율에서 나오는 것이다. 스티로폼이라고도 불리는데, 이는 제조사인 다우케미컬 사의 상표이름이고, 한국에서는 흔히 스티로폴로 불린다. 정확한 명칭은 발포 폴리스티렌이다. 머리글자를 따서 ESP로 약칭하기도 한다.

2차대전 중 미국의 레이 매킨타이어라는 화학자가 발명한 것으로, 기존의 폴리스티렌에다가 이소부틸렌과 휘발성 액체를 혼합하다가 기포가 많은 이물질을 발견했는데, 이것이 기존의 것보다 30배나 가벼운 스티로폼이다.

제조공정은 스티렌에 벤탄·부탄가스 등의 발포제를 주입해 물로 중합한 뒤, 소정의 분자량이 될 때까지 가열한다. 여기서 얻어진 발포 폴리스티렌 알갱이를 긴조, 압축해서 만든다. 성질이 희고 가벼우며, 내수성·단열성·방음성·완충성 등이 뛰어나 갖가지 용기·포장재·건축자재·가구 등으로 널리 쓰인다. 조립식 건축에 쓰이는 패널 속에도 스티로폼이 가득 차 있다. 이 두께 10cm 패널의 단열성은 콘크리트 벽 50cm에 맞먹는다.

어쨌든 집짓는 데 스티로폼이 없이는 단열 자체가 불가능하다. 벽돌이나 콘크리트 벽체에도 스티로폼을 대며, 난방 파이프를 까는 밑에도 스티로폼을 먼저 깐다. 우리가 사는 집은 사실 스티로폼으로 만들어진 상자라 해도 과언이 아니다. 98%가 공기인 상자 말이다. 또 스티로폼은 오존층 파괴의 원흉인 염소원자를 함유하지도 않고, 땅에 묻어도 메탄가스를 방출하지 않아 지하수를 오염시키는 일도 없다(하지만 버릴 때는 꼭 재활용 처리장으로 보내도록 합시다).

하찮게 보았던 합판과 스티로폼—알고 보니 참으로 위대한 존재가 아닐 수 없다.

난방용 파이프 깔기

공사 65일째.

그제 2층에 난방용 파이프 배관작업을 끝내고 어제 하루는 쉰 다음, 오늘 다시 1층 배관작업에 들어간다. 어제 작업을 못한 것은 갑자기 배관 팀에게 다른 일정이 생겼기 때문이다.

배관 일에 들어가기 전 이동호 목수와 조민수 씨는 1층 넓은 거실 벽을 돌아가며 비닐 씌우기 작업을 한다. 요즘은 일꾼들이 직접 시멘트를 개고 날라다 방바닥에 미장하는 방법을 쓰지 않고 시멘트 반죽을 기계로 타설하기 때문에, 행여나 호스에서 뿜어져나온 시멘트가 벽체의 루버 등에 튀어 더럽힐까 봐 그것을 막기 위한 사전작업이 필요한 것이다.

오후가 되자 배관 팀이 들어와 일을 시작한다. 엑셀이라 불리는 수도 난방 겸용의 흰 플라스틱 파이프를 똬리 틀듯 방바닥에다 까는 것이다. 까는 방식은 먼저 보일러실에서 나온 한 가닥 파이프가 거실 중앙으로 달팽이처럼 몰아서 간 후 다시 들어온 길을 따라 미로를 그리듯 돌아나간다. 이 방식을 쓰는 이유는 더운 물이 들어왔다가 다시 그 경로로 빠져나가므로 난방효율이 그만큼 높아지기 때문이라 한다. 예전엔 파이프가 지그재그를 그리며 들어와 일자로 빠져나가는 방식이어서 열손실이 많았다고 한다.

2층 난방 공사. 단열을 위해 스티로폼을 깔고 그 위에 은박지 매트를 씌우고, 다시 파이프를 고정하기 위해 와이어 매시를 깔았다.

파이프 아래에는 50mm 스티로폼과 은박지 매트를 깔았다. 거실이 주방과 붙어 면적이 넓은만큼 파이프를 세 틀로 앉혔다고 박 사장이 들려준다. 그러니까 보일러실에 거실용 난방 파이프 스위치가 세 개 달리고 그것으로 적절하게 부분 난방을 할 수 있다는 얘기다.

저녁 6시가 넘어서야 배관작업이 다 끝났다. 내일 일찍 레미콘차와 펌프차가 들어와 시멘트 타설을 할 거라 한다.

공사 66일째.

오늘은 바닥에 시멘트를 치는 날이다. 예전 같으면 예닐곱 일꾼들이 시멘트를 비비고 져나르며 바닥을 미장하겠지만, 요즘은 미니 펌프차를 동원해 시멘트를 타설한다고 한다. 물론 시멘트 반죽은 레미콘차가 실어다준다.

10시쯤 펌프차가 들어왔다. 1톤짜리 타이탄이다. 두 명이 내려 전기공사부터 한다. 차가 작아 자체 전력으로 기계를 작동시키지 못한고 한

아름다운 공간을 창조하는 사람들

레미콘 차가 짤순이에 시멘트 반죽을 공급하고 있다.

양손으로 능숙하게 흙칼을 휘두르며 바닥을 고르고 있다.

다. 기계를 살펴보니 통 안에 편심축을 가진 둥근 쇠판이 돌아간다. 그것이 돌면서 시멘트 반죽을 호스로 밀어넣는데, 그래서 일명 짤순이라 한다.

얼마 안되어 레미콘 차가 들어와 짤순이에게 시멘트 반죽을 공급하기 시작한다. 시멘트는 모래와 석분이 일정비율로 섞인 것으로, 여러 가지 약품처리된 것이다. 2층부터 시멘트 타설이 시작되었다. 마치 죽 같은 시멘트 반죽이 호스에서 줄줄 흘러나온다. 타설에는 시간이 별로 걸리지 않는다. 1층까지 타설을 다 마치는 데 한 시간 남짓 걸렸을 뿐이다. 타설한 두께는 7cm로, 다른 주택에 비해 좀 두꺼운 편이다. 바닥이 두꺼워야 난방 온기가 그만큼 오래 간다. 그 바람에 7입방미터면 충분한 것을 8.5입방미터나 되는 시멘트가 들어갔다고 한다.

그런데 그 마무리가 문제다. 타설된 시멘트 표면을 평평하게 다듬으면서 구석구석까지 골고루 펴는데 긴 흙칼을 사용한다. 50cm는 되어

보이는 긴 흙칼 두 개를 든 미장공이 두 손으로 표면을 고른다. 죽 같은 시멘트 위를 다니며 하는 작업이라 발에는 사각형으로 넓적하게 자른 스티로폼을 신발에 묶어 신고 있다. 표면을 고르니 물기가 올라온다. 그것을 통에 흙칼로 떠서 통에 담아낸다. 바닥에 엎드려 하는 이 일이 힘들고 시간도 걸린다. 그런 식으로 물을 여러 차례 담아 퍼내야 하기 때문이다. 스티로폼 위에 은박 매트를 깔지 않으면 물이 잘 빠져 일이 아주 쉽다는데, 그 대신 시멘트의 강도가 떨어진다고 한다. 현장에서 저녁을 먹으며 한 일이 밤 9시가 넘어서야 끝났다. 집짓는 일이란 참으로 품이 많이 드는 것이다. 밀리미터 단위로 일손이 들어간다는 느낌이다.

처마반자는 사이데온으로

공사 67일째.

모처럼 날씨가 화창하다. 몇 해 전 마당귀에 심어놓은 자목련이 피려고 벙글기 시작한다. 그 옆의 이팝나무는 하얗고 자잘한 꽃들을 잔뜩 매달고 있다.

어제 되섞이고 미장일 한 바닥의 시멘트가 마르려면 이틀은 있어야 한다. 그 동안 바깥 일로 처마반자를 만들 거라 한다. 처마 아랫면에 하는 치장 마감공사로, 공사판에서는 '노키덴조'라 흔히 말하는데, 이 역시 일본말이다. 처마반자 소재는 플라스틱 재로 가기로 했다. 2층 베란다 아랫면인데다 해풍이 심한 지대인만큼 나무보다는 플라스틱이 낫겠다는 박 사장의 의견에 따른 것이다.

플라스틱 마감재인 사이데온. 구멍들은 통풍을 위한 것이다.

사이데온으로 처마반자를 대는 작업.

    LG에서 생산되는 벽마감재 사이데온을 붙이기로 했다. 색상은 흰색으로 두께 1mm쯤 되는 플라스틱 판재이다. 낭창낭창거릴 정도로 신축성이 좋다. 한쪽으로 홈이 나 있어 서로 끼우게 되어 있다. 어떤 부분에는 작은 구멍들이 송송 뚫려 있다. 통풍을 위한 것이다.

    작업은 콘크리트 베란다 아랫면에 각목을 박아 수평을 잡은 후 사이데온을 잘라 붙이는 것이다. 크기를 너무 딱 맞게 하거나 나사못을 너무 꽉 박아서는 안된다. 판재가 신축을 하기 때문에 적절한 여유를 주어 끼우지 않으면 하자가 나기 쉽기 때문이다.

    작업은 의외로 시간이 많이 걸린다. 특히 코너를 만들 때는 품이 더 많이 든다. 일일이 크기와 각도를 재어 재단해야 한다. 그것도 하루 종일 고개를 뒤로 젖혀 하는 고된 일이다. 아침부터 이동호 목수 등 2명이 이 일에 매달려 저녁 늦게까지 해서 겨우 일을 마칠 수 있었다.

엄격한 정화조 설치 규정

공사 68일째.
오늘은 날씨가 스산하다. 구름이 잔뜩 끼고 찬 바람이 분다.
오늘 일정으로 잡힌 욕실 방수작업은 굵은 빗발이 떨어지는 바람에 부득이 연기될 수밖에 없었다. 내부에서 하는 작업이지만, 비가 와서 습도가 높아지면 발라놓은 방수 시멘트가 줄줄 흘러내려 말짱 헛일이 되고 만다는 것이다.
오후 3시쯤 오수정화조가 들어왔다. 10인용, 흰색이다. 늘 시커먼 정화조만 보다가 흰 것을 보니 그래도 부담이 덜 간다. 모양도 모서리가 둥근 직방형이다. 눈어림으로 보니 가로×세로가 1×2m, 높이 2m쯤 되는 것 같다. 약 3톤 가량의 물이 들어갈 수 있는 몸집이다.
예전에는 일반주택의 경우 수세식 화장실에서 나오는 오수만을 처리하는 단독정화조를 사용했지만, 환경법이 강화된 이후 모든 신축 건물에 오수정화조, 곧 모든 생활하수를 정화시켜 내보내는 오수정화조의 설치가 의무화되었다. 정화조 설치 신고필증이 나오지 않으면 건물 자체의 준공허가가 떨어지지 않는다니, 중요한 문제가 아닐 수 없다.
정화조 설치에 따른 규정도 엄격하다. 연건평 25평 이하면 5인용, 이

오수정화조. 환경법이 강화된 후 모든 일반 주택에도 오수정화조 설치가 의무화되었다.

상이면 10인용을 설치해야 한다. 우리 집의 경우는 10인용이다. 정화 방법은 염기여상기 폭기조라 씌어 있는데, 간단히 말해, 오수가 정화조 속의 세 구역, 곧 부패조, 산화조, 소독조를 거치면서 정화되는 방식이다. 산화조에 공기를 주입시키는 장치가 브로아라는 것인데, 폭기曝氣란 공기를 쐬어주는 것을 말한다. 조그만 상자형으로 생긴 이 브로아가 소음이 만만찮아 집에서 뚝 떨어진 마당에다 갖다놓았다. 정화조 아래 쪽이다.

그런데 정화조 윗면에 붙어 있는 상표를 읽다 보니 소비자 가격이 193만 원이라 적혀 있다. 옆에 있는 이호범 씨에게 물어보니 한 80만 원이면 구입할 수 있다고 한다. 에그, 선진국 되려면 아직 멀었군 싶다.

오수정화조 입구.
긴 주름관은 시멘트
타설 후 적정 높이
로 잘라낸다.

　이 엄청난 덩치의 정화조를 포크레인이 끈으로 매달아올려, 미리 파 놓은 구덩이 속에다 내려놓는다. 박 사장과 이호범 씨가 구덩이 속으로 들어가 수평을 잡고 수도 호스를 정화조 아구리로 넣는다. 물을 가득 채워야 한다는 것이다. 그래야 흙으로 묻을 때 바깥의 토압을 안의 수압이 대응해 통이 오그라드는 것을 막아준다고 한다. 그런데 간이상수도에서 나오는 물이 시원찮아 5시간은 좋이 받아야 될 것 같다는 것이다. 그러면 밤 10시가 되어야 한다는 말이다. 박 사장에게 가까이 있는 내가 봐줄 테니 그만 들어가라고 말하고, 나도 6시쯤 되어 현장에서 철수했다.
　그런데 정화조가 끝내 말썽이다. 10시쯤 나와 보니 부패조에도 물이 채 안 찬 상태였다. 자세히 살펴보니 수도 호스가 한 부분 꺾여 있어 물이 제대로 나오지 않고 있는 것이다. 호스의 꺾인 데를 펴고, 혹시 호스 끝이 빠질세라 각목으로 잘 고정시킨 후 다시 여관으로 돌아왔다. 문제는 정화조에 물이 거의 찬 상태에서 발생했다. 12시쯤 다시 나가보니 정화조 밑바닥 부분에 금이 가 있고 거기서 물이 줄줄 새어나오지 않은가. 깨진 정화조를 갖다놓은 것이다. 참으로 난감하다. 심야의 황당이라고나 할까. 수도꼭지를 잠그고 박 사장에게 상황을 보고했다. 야밤에 달리 조치할 방도도 없으니 내일 처리하기로 하고 일단 철수할 수밖에 없었다. 역시 무엇이든 '정화' 한다는 것은 쉽지 않은 일이야.

| 계획에 없던 석축쌓기

공사 69일째.

아침에 나가 보니 벌써 구덩이에서 깨진 정화조를 들어내고 물도 펌프로 다 퍼낸 후였다. 박 사장이 6시 반부터 나와 일을 했다고 한다. 오늘 정화조 매립작업을 다 끝내지 못하면 일정이 순차적으로 연기되어 인력과 공사자재의 투입계획이 다 어그러지고 말기 때문이라 한다. 얼마 안 있어 건재상에서 다시 새 정화조를 싣고 들어왔다. 정화조에 물을 채우는 일도 마침 집 앞에 지하수 개발을 위해 판 대공에서 물을 끌어다 한 시간 만에 가득 물을 채울 수 있었다. 그 아이디어는 이호범 씨가 낸 것이다. 그 역시 한때는 지하수 개발 일을 한 전문가다. 어쨌든 그렇게 서두른 덕분에 오후 2시쯤 정화조와 수도 배관공사를 마치고 맨홀

두 개를 묻었다. 빗물과 정화조를 통해서 나오는 생활하수를 처리하기 위한 것이다.
　오늘 또 박 사장은 예정에 없던 작업을 하게 되었다. 오후에 흙이 세 차 들어왔는데, 마당 정리작업을 하기 위한 것이다. 그런데 흙 속에 큰 돌들이 들어 있는 게 내 눈에 띄었다. 땅 고르기 하는 굴삭기 사이로 들락거리며 그 돌들을 골라 한쪽으로 치워두었다.
　집터가 높아진 바람에 그 아래쪽에다 야트막한 석축이라도 쌓아야 하게 되었는데, 박 사장의 생각으로는 보통 정원석으로 많이들 쓰는 굴린 돌을 세 차쯤 들여와 쌓자는 것이었다. 그런데 문제는 아내가 그런 돌을 무척 싫어한다는 점이다. 이 굴린 돌이란 큰 화강암 덩어리를 깨서 기계로 굴려 둥그스럼하게 만든 돌을 말한다. 보통 화단 경계석이나 낮은 축대를 쌓을 때 많이 쓰이는데, 아무리 보아도 정이 가지 않고 인공적이라는 것이다. 나 역시 그 허여멀건 돌이 별로 마음에 들지 않은 점은 마찬가지지만, 그렇다고 시멘트 옹벽을 쌓을 수도 없는 일이다. 아내는 차라리 인근에서 잡석들을 주워다가 석축을 쌓으면 훨씬 시골스럽게 보일 거라면서 그러자고 하지만, 어느 세월에 그런 돌들을 모아 석축을 쌓는다는 말인가.
　뾰족한 대안이 없던 차에 들어온 흙 속에서 꽤 많은 잡석들이 섞여 있는 것을 보니 눈이 번쩍 띄는 것이다. 그냥 흙 속에 묻어버릴 수 없는 일 아닌가. 또 많지는 않으나 그 동안 좀 모아둔 돌들도 있었다.
　돌무더기가 꽤 높아지자 박 사장이 내 의도를 알고는 직접 팔을 걷어붙이고 석축을 쌓기 시작한다. 그 뜻을 내가 모르지는 않는다. 내게 그 일을 맡겨둔다면 아마 석 달 열흘은 걸릴 것이다.
　박 사장이 쌓는 석축은 말이 석축이지 사실 돌담이나 마찬가지다. 그

아름다운 공간을 창조하는 사람들　171

것도 높이가 어른 허리춤 정도까지 오는 야트막한 돌담이다. 하지만 큰 돌들을 옮기고 쌓는 데는 굴삭기의 도움을 받지 않으면 안되었다. 무거운 돌들을 쌓는 데 힘이 드는지 박 사장의 얼굴은 금세 상기된다. 나는 거들 엄두도 내지 못하고 멀찌막이 서서 구경만 한다. 일은 내가 벌여놓았는데 고생은 애먼 사람은 하니 적이 미안한 마음이 든다. 그래도 쌓여지는 석축을 보니 예쁘다.

그런 얘기를 저녁에 아내에게 하니, "당신이 해야 할 일인데 옆에서 좀 거들기라도 하지 그랬어요" 한다. "내가 거든답시고 옆에서 얼쩡거리면 되레 방해만 될 것 같아서…"가 나의 어쭙잖은 변명이다.

공사 70일째.

살던 집을 허물어뜨린 지 오늘로 꼭 2달하고도 열흘이다. 여관방살이도 어지간히 지겨워지려고 한다. 아내도 좀 지친 기색을 보인다. 앞으로 한 열흘 후면 공사가 마무리될 것이다. 등산으로 치자면 9부 능선은 올라선 셈이다.

오늘 2층에서는 이동호 내장 팀 2명이 몰딩 작업을 하고, 배관 팀 2명은 방수작업을 한다. 또 바깥에서는 박 사장과 조민식 씨가 굴삭기를 동원해 마당 정리와 석축쌓기에 여념이 없다. 여기저기서 모은 돌들이 꽤 많아 석축을 쌓는 데는 웬만큼 충단될 것 같다.

오늘도 나는 석축 쌓는 옆에서 멀거니 지켜보기만 할 뿐이다. 박 사장이 옆에 있는 나를 보면서 하는 말이 "이런 돌쌓기, 천천히 하면 그런 대로 재미있어요" 하면서 이렇게 덧붙인다. "그런데 지금은 시간이 없으니 대충 쌓는 거지요." 내가, 그래도 예쁘게 되어가는 것 같다고 하자, 박 사장이 "다른 사람들에겐 제가 쌓았다고 하지 마세요. 그냥 사장님

석축 쌓기. 즉흥적으로 시작한 것이지만, 예쁜 석축이 되어가고 있다.

돌계단. 납작한 돌들을 주변에서 주워와 만든 거지만 정겨운 모습이 퍽 시골스럽다.

이 쌓은 거라고 하세요" 한다. 무슨 뜻인지 알겠다. 우리는 호호 웃는다.

　배관 팀에게 올라가 보니 좁은 욕실 공간에서 시멘트를 개고 바르고 하느라 정신이 없다. 방수약품과 시멘트 냄새가 좁은 공간 안에 가득하다. 방수작업 해야 할 곳은 1, 2층 욕실과 세탁실이다. 이 배관설비야말로 건축 일 중에서도 3D 업종이다. 먼지도 많고 일도 무척이나 고되다. 그도 그럴 것이, 콘크리트 벽을 뚫거나 까내고, 좁은 공간에서 늘 웅크린 자세로 일을 해야 하니 허리가 무척 아프다고 한다. 이호범 씨가 하루에도 소주 두어 병씩은 마셔야 하는 이유가 허리 통증 때문이라고 한다. 술이 들어가지 않으면 허리가 아파 일을 할 수 없다는 것이다. 그러니까 호범 씨의 알코올 과다섭취 증세는 순전히 직업병인 셈이다. 내가 그에게 "호범 씨는 숙제를 다 하려면 20년은 넘게 남았는데 몸도 좀 생각해야지" 놀리듯 말하면, 그는 씁쓰레한 미소를 흘린다. 그에게는 나이 마흔이 다 되어 얻은 늦둥이 다섯 살 박이 막내딸이 있는 것이다. 이 딸애가 요즘 들어 할아버지 말투를 곧잘 흉내내어, 호범 씨가 저녁에 귀가하여 "다녀왔습니다" 하면 "오냐~"라고 대꾸한다는 것이다. 숙제거리이긴 하지만 귀엽기는 한 모양이다. "요즘 막내 보는 재미로 살아요" 한다. 이 무덤덤한 사내 입에서 그런 소리를 들으니 느낌이 각별하다. 얼마 전 초등학교 5학년인 딸이 전교 1등을 했다기에 5백 원을 주며 과자 사먹으라고 했단다. 그러고는 이렇게 덧붙이는 것이다. "애들한테는 돈 많이 주면 못 써요."

　저녁 6시쯤 마당 정리작업과 석축쌓기가 끝나자 얼마 안 있어 깬 자갈을 실은 덤프트럭 한 대가 들이닥친다. 데크를 놓을 집 둘레에 콘크리트를 치는 대신 자갈 까는 것으로 하자고 의견이 모아졌던 것이다. 저녁 7시가 다 되어서야 자갈 까는 일과 욕실 방수작업이 다 끝났다. 어쨌든 오늘은 배관 팀에게나 박 사장에게나 힘든 하루였다.

아트 월 만들기

공사 71일째.

오늘 작업인원은 단출하다. 이동호 씨외 내장 팀 2명과 박 사장뿐이다. 일꾼을 많이 투입한다고 공사진척이 빨리 되는 게 아닌 것이 집짓는 일이다. 공정에 따라 적절한 일꾼이 투입되어야 효율적으로 집을 지을 수 있는 것이다. 지금 단계는 2층 작업을 빨리 마무리해야 하는 시점이다. 몰딩, 욕실 천장 반자와 타일 공사, 2층 베란다 바닥 작업이 남아 있다. 이것들이 끝나야 계단작업을 할 수 있다. 계단 작업부터 먼저 하면 2층 작업인원들이 자재를 가지고 오르락내리락하다 보면 계단이 상하기 때문이다. 그래서 2층 작업부터 얼른 마무리하는 것이 일의 순서인 셈이다.

그래서 내장 팀의 오늘 작업목록은 몰딩과 계단 난간 작업, 안방 아트 월 만들기이다. 이동호 씨가 아트 월 작업을 맡아서 하고 있다.

아트 월이란, 안방이나 거실 같은 비교적 넓은 공간의 벽면이 같은 재질이나 색상으로 단조로운 느낌을 주는 것을 피하기 위해 한 면에 포인트를 주어 변화를 이끌어내려는 목적으로 만드는 일종의 장식벽이다.

장식 효과를 십분 내기 위해 간접조명 장치를 하는 등, 갖가지 예술적

아트 월을 만드는 이동호 목수. 안방의 한 벽면으로 전시·수납 공간이다.

요소가 추가되는 아트 월은 레스토랑이나 카페 같은 곳에서 흔히 볼 수 있는데, 근래에는 아파트나 단독주택에서도 이 아트 월이 인기 품목으로 자리잡아가는 추세이다. 물론 장식뿐만 아니라 수납의 기능을 아울러 갖기도 한다. 가운데 중앙 패널은 조각이나 그림, 액자 등으로 장식할 수 있는 전시공간이기도 하다. 넓은 공간에 이런 아트 월을 하나 만들면 벽지나 루버 일색의 공간보다는 확실히 멋있게 보이는 것은 당연하다.

아트 월의 기둥은 랩핑된 MDF제품이 주종이고, 중앙 패널은 벽지, 핸디코트, 드라이비트, MDF 필름판, 페브릭판 등으로 마감하는 방법이 많이 쓰인다. 이보다 고급제품을 선호하는 이들은 대리석이나 인테리어 타일, 폴리싱타일, 인조석, 마이더스터치 등을 쓰기도 한다.

우리 집의 경우는 홈이 팬 패널을 사용하여 삼각 받침대를 걸고 유리 선반을 얹을 수 있도록 했다.

꼼꼼한 이동호 씨의 손길을 거쳐 저녁 무렵 멋진 아트 월이 안방의 한쪽 벽에 그 모습을 드러냈다. 간접조명 시설이 위에 갖추어지면 더욱 아름답게 보일 것이다.

오후 1시쯤 드라이비트의 윤 사장이 들어왔다. 동행 한 명이 있었다. 박 사장이 기초 콘크리트 부분을 매시로 마감해달라고 해서 들어온 것이다. 기초 부분은 사실 테라스 등으로 가려져서 보이지도 않을 곳인데도 박 사장은 보이지 않는 곳을 더 신경 써야 하는 법이지요 하면서 윤 사장을 보고 빙긋 웃는다. "이렇게 하는 것은 박 사장밖에 없지만 해드려야지요" 하면서 윤 사장이 사람 좋은 웃음을 짓는다. 그를 따라온 동행 아저씨는 함께 일은 하지 않고 주변을 돌아다니며 달래를 캐고 있다. 얼마 되지 않아 비닐 봉지가 불룩하도록 달래를 담아가지고 내려온다. 우리 집이 터잡고 있는 봉바우산의 달래는 특히 향이 강하다. 달래전을 부쳐먹거나 된장찌개에 넣어 먹으면 맛이 그만이다. 또 달래를 쫑쫑 썰어넣고 양념간장을 만들어 밥을 비벼 먹으면 다른 반찬 없이도 밥 한 공기 비우는 것은 일도 아니다.

두어 시간 일하니 매시 작업이 끝난다. 박 사장은 또 윤 사장을 데리고 보람이네 집으로 올라간다. 내가 며칠 전에 보람이 엄마의 부탁을 받고 드라이비트 시공을 부탁해두었던 것이다. 보람이네 집이 단열이 잘 안되어 집 안이 늘 춥다. 그래서 드라이비트로 단열도 할 겸 또 집 분위기도 한번 바꾸려는 것이다. 얼마 후 실사를 마치고 내려온 박 사장이

65mm 스티로폼을 대고 드라이비트 시공을 하기로 했다고 말한다. 시공 면적은 약 70m², 견적은 2백만 원이 채 안 나왔다고 하면서 "보람네는 사장님 덕분에 아주 싸게 하는 셈이에요. 그 단가는 업자 가격이거든요."

"나 때문이 아니라 박 사장님 때문이죠."

"사장님 통하지 않고 내가 들어간다면 당연히 소비자 가격이죠."

공사는 다음 화요일부터 이틀 동안 하기로 했다고 한다.

공사 72일째.

오늘은 내장 팀 한 명이 2층 몰딩 작업을 계속 하고, 박 사장은 욕실과 세탁실 천장 반자작업을 했다.

오후에는 지적공사의 측량 팀이 현황측량을 나왔다. 건축물이 남의 땅을 침범하지 않았나, 위치확인을 하기 위한 것이다. 이 측량 성과도에서 '이상없음'으로 나와야 준공을 받을 수 있는 것이다.

타일 명장名匠

공사 73일째.

강인타일에서 보낸 타일 팀 2명이 들어왔다. 강인타일은 읍내에 있는 타일 가게로, 박 사장의 친구가 하는 단골 거래처다. 일주일 전쯤 이 가게에서 욕실과 주방, 벽난로, 현관 등에 쓸 타일을 아내와 함께 골랐다, 고 하는 것은 좀 정확치 않은 말이다. 내가 직접 고른 것은 암모나이트

소개 무늬를 양각한 타일 한 장뿐이고, 대여섯 가지 되는 나머지는 아내가 모두 골랐던 것이다.

  수많은 타일 견본을 앞에 놓고 가게 주인에게 이것저것 묻고 비교해 보고 내게 의견을 구하는 아내에게 건성으로 몇 마디 대답하다가(내가 보기엔 다 그게 그것이고 비슷해 보이건만) 10분 만에 진력이 난 내가 그만 아내에게 "좀 빨리 골라" 하고 역정을 내고 말았다. 아내가 어이없고 화가 난 표정으로 나를 바라다보았다. 나는 아차 싶어 소파 쪽으로 가 털썩 앉았다. 그러고는 한 시간쯤 혼곤한 잠에 빠져들고 말았다. 아내가 와서 깨우는 통에 잠이 깼다. 가게 주인이 내 쪽을 보고는 빙긋 웃는다. 가게를 나오면서 아내가 한마디 한다. "10분 만에 대여섯 가지나 되는 타일을 다 못 고른다고 짜증내는 사람은 당신뿐일 거야." 나는 유구무언이다.

  어쨌든 이런 신고 끝에 오늘 타일을 붙이게 되었는데, 어제 박 사장이 늦게까지 욕실과 세탁실 천장 반자를 친 것도 오늘 타일 팀을 받기 위한 것이다. 두 명 중 한 명은 지난번 외벽에 피벽석을 붙일 때 한번 들어왔던 사람이고, 다른 한 명은 처음 보는 얼굴이다. 30대 중반쯤으로 보이는 남자로, 팀장인 모양이다. 2층 욕실 사방 벽에 줄을 띄워놓고 능숙한 솜씨로 타일을 붙여나간다. 보조는 접착 시멘트를 개고, 타일을 나르고 잘라주는 역할을 하는데, 이 사람이 팀장이 자리를 비운 틈에 내게 말을 건넨다.

  "정말 일 잘하는 사람이네요. 타일 면 맞는 것 보세요."

  살펴보니 정말 타일 붙인 면이 수면처럼 고르고 틈이 자로 댄 듯이 일정하다.

욕실 벽 타일 작업. 정밀한 간격과 평면 맞추기가 생명이다.

"명장인가 봐요."

하고 내가 맞장구를 친다. 그러자 그가 다시 말을 받는다. "이 일을 오래 해봐서 몇 장 붙이는 것만 봐도 솜씨를 알지요."

타일 일은 눈썰미가 있어야 할 뿐만 아니라 오랜 경력이 뒷받침될 때 비로소 명장이 될 수 있다고 한다. 주변의 타일들을 자세히 살펴보면 의외로 면의 고저와 각도가 정확하고 줄눈이 일정한 타일 벽이 드물다는 것을 알 수 있다. 어떤 벽면은 수직이 맞지 않아 쪼갠 타일로 비스듬히 땜질해놓은 것도 있다. 타일 작업, 결코 쉬운 일이 아니다.

내장 팀은 계단 난간과 승세참 몰딩 작업을 끝으로 드디어 2층 작업을 모두 마무리하고 1층으로 내려왔다. 오후부터 1층 벽과 창호 몰딩 작업에 들어갔다.

바깥에서는 박 사장과 조민식 씨가 줄을 띄워놓고 터파기를 하고 있다. 1층 테라스의 다리를 세울 곳에 기초를 만드는 것이다. 구덩이를 파고 시멘트를 부을 요량이다. 맨땅에나 다리를 세우면 아래로 꺼질 우려가 있기 때문이다. 일종의 주춧돌인 셈이다.

오후에는 정화조 묻은 자리와 뒷곁 보일러 놓을 곳에 철근 배근작업을 했다. 오후 4시에 콘크리트 타설을 할 펌프차가 들어오기로 되어 있기 때문이다.

4시가 조금 못되어 안 부장과 보조 아저씨, 호범 씨의 배관 팀까지 들이닥쳤다. 박 사장이 다 부른 모양이다. 배관 팀은 정화조 자리에 콘크리드 타설을 하니 응당 와봐야 하고, 안 부장 팀은 콘크리트 타설을 돕기 위한 온 것이다. 정화조, 테라스 기초, 보일러 실 기초, 이렇게 세 부분을 모두 타설하는 데 레미콘 한 차 반인 8헤베, 곧 8입방미터가 다 들어갔다. 가로 세로 1m, 길이 8m인 직육방체의 콘크리트 기둥을 상상해 보니 적지 않은 양이다. 어쨌든 이로써 집짓는 데 콘크리트 치는 일은 완전히 끝난 셈이다.

아름다운 공간 창조자 타일 일꾼

공사 74일째.

요즘 날씨가 오락가락하는 바람에 데크를 만들기 위한 2층 베란다 방수공사를 하지 못하고 있다. 우레탄 방수를 하려면 시멘트 표면이 바싹 말라 있어야 하는데, 며칠 만에 한 번씩 많지도 않은 빗발이 시나브로 떨어져 습기가 가시지 않는 바람에 방수 시공 날을 잡지 못하고 있다. 비가 조금이라도 오면 최소한 닷새는 건조시켜야 하는데, 그 전에 번번이 비가 찔끔거리곤 하는 것이다. 박 사장은 마음이 급한 모양인지, "비가 오려면 왕창 오든지, 꼭 일을 못할 만큼씩만 오네" 하고 푸념한다. 하지만 하늘이 하는 일을 어쩌랴. 나는 그런 박 사장을 보고, "여관방살이도 이젠 이력이 붙었으니, 며칠 더 한들 어때요. 서둘지 말아요" 하고 말한다.

박 사장이 초조해하는 또 다른 이유는 2층 데크 공사를 해야 난간을 설치하는 건데, 난간이 안되어 있으면 준공검사를 받을 수 없기 때문이다.

오늘은 타일 팀이 보강되어 4명이 들어와 일한다. 오늘 중으로 일을

가스레인지 뒷벽에는 유리 타일을 붙였다.

마무리할 요량이다. 오늘 새로 온 팀 두 명은 지난번 외벽 파벽석을 붙였던 사람들이다. 오전에 새참 대신 종이컵으로 소주 한 잔 가득 부어 마시고, 파벽석 첫 장을 하나 붙인 후 담배 한 대를 피워 물고는 물끄러미 바라보던 그 초로의 남자가 또 들어왔다. 그는 오늘도 역시 오후 새참 대신 소주가 없느냐 물었다. 그러면서 바닥 물매를 잡을 때는 술을 마시면 안되지만 벽에 타일을 붙일 때는 상관없다고 말한다. 아무튼 그는 내가 여지껏 공사판에서 본 사람 중에 가장 술과 친한 애주가임에 틀림없다.

  네 명이 다 들러붙어 타일 작업을 했는데도 저녁 8시가 넘어서 일이 끝났다. 1, 2층 욕실과 세탁실, 주방, 현관 그리고 벽난로 위 빅스톤 붙이기까지 일량이 많긴 많았다. 이 타일 일꾼이 거쳐간 곳은 스산하던 풍경이 한결같이 밝고 아름답게 바뀐다. 타일들의 줄이 가지런하고 고저가 일정하다.

줄눈의 굵기를 맞추려고 이쑤시개를 꽂아가며 타일을 미세하게 움직이던 한 일꾼이 한 말이 기억에 남는다. 한번은 어떤 집에 일을 하러 갔는데, 한 벽면을 가득 채우는 엄청 큰 텔레비전이 있더란다. 집주인이 1억 5천만 원짜리이니, 흠줄을 내지 말고 조심하라면서, 흠을 내면 수리비 2천 5백만 원을 물어야 한다는 것이다. 그 소리를 듣고는 일당 몇 푼 받고 일하는 사람이 일하다가 신세 망칠 일 있나 싶어 그 자리에서 연장들을 꾸려 나와버렸다고 한다. 그는 올해로 타일공 25년차라 한다. 30대 중반쯤으로 보였는데 25년차라니, 깜짝 놀라 나이를 물어보니 59년생이란다. 아, 내가 사람 나이 보는 눈이 전혀 없구나.

현관 바닥 줄눈 넣기를 마지막으로 끝낸 타일 팀 네 사람이 일하던 연장들을 모두 꾸리고 철수준비를 한다. 봉고차로 네 사람이 함께 움직이는 모양이다. 봉고차 뒤칸에는 흙손들이 수십 개 나란히 걸려 있다. 8시 반이 되어서야 그들은 봉고차를 타고 돌아갔다. 내일 다른 곳에 일이 있다고 한다. 늘 그렇게 일을 따라 떠돌아다니면서 생활하는 그들이다. 어두운 산길을 전조등 켜고 내려가는 그들을 보고 손을 흔들어주었다.

타일 팀에 못지않게 바쁘게 움직인 내장 팀 두 명도 오늘 1층 몰딩 작업을 거의 끝내가고 있다. 타일 작업을 하느라고 손을 못 댄 욕실과 세탁실, 작은방의 문틀 몰딩 그리고 계단 작업만 남아 있다. 이틀 정도 일하면 내부 목공 일은 모두 끝날 거라 한다. 그 다음 일은 1, 2층 데크 작업이다.

벽난로 위에 시공된 빅스톤 타일. 거친 벽돌 질감의 타일이다.

빅스톤 타일을 시공하는 모습.

▎공사 중 처음 일어난 안전사고

공사 75일째.

오늘은 내장 팀만 작업이 있는 일정인데, 돌발변수나 나타났다. 내장 팀 두 명 중 한 사람이 몸살로 못 나오고, 게다가 팀장인 이동호 씨마저 아침나절에 일하다가 못총 사고를 당한 것이다. 작은 방 천장 몰딩 작업을 하던 중 작업대에서 뛰어내리다가 허리에 찬 못총이 격발되어 실못 하나가 허벅지에 박히고 말았다. 안전장치가 고장난 총으로 작업한 게 화근이었다.

실못은 길이가 3cm, 굵기는 큰 바늘 정도 되는 것으로, 주로 몰딩 작업에 사용되는 못이다. 하도 못이 가늘어 박혀들어간 자국도 잘 안 보이는 못이다. 이게 이동호 씨의 허벅지에 박혔는데, 처음에는 못 끝이 보이길래 손으로 잡아뽑으려 하다가 그만 못이 살 속으로 쏙 들어가고 만 것이다. 마당에는 심야전기 보일러를 뒤꼍으로 옮겨놓을 크레인이 발을 빼고 앉아 있는 상황이라 박 사장은 현장을 비울 수 없어 내가 이동호 씨를 차에 태우고 읍내 병원으로 달려갔다.

터미널 앞 강화신경외과에서 X-레이를 찍어보니 이미 실못이 피부 밑 1cm 안쪽으로 들어가 있는 상태다. 의사는 장비를 사용하지 않고 못을 찾는 것은 모래사장에서 바늘 찾기라며, 내일 수술할 것을 권한다. 일요일이라 장비를 작동할 의사 인력이 없다는 것이다. 할 수 없이 다리에 부목을 대고 깁스를 했다. 더 이상 바늘이 움직이지 않게 하기 위해서다.

이것이 이번 집짓기 공사를 하는 중에 발생한 첫 안전사고인 셈인데, 그래도 이만한 게 다행이라 하겠다. 이것으로 액땜한 셈 치고, 얼마 남지 않은 공사 아무 사고 없이 잘 마무리되기를 바랄 뿐이다.

이동호 씨와 나는 다시 현장으로 돌아왔다. 마침 이호범 씨가 와 있었다. 점심식사 후 이호범 씨가 이동호 씨를 차에 태워 집으로 데려다주었다. 수술은 내일 오전 10시에 하기로 되어 있다.

뜻하지 않은 사고로 현장에는 박 사장과 나만 덜렁 남는 상황이 되고 말았다. 공사일정은 중단되고, 박 사장은 2층 거실과 1층 작은방에 참숯을 바르고, 나와 아내는 밭에다 임시로 묻어두었던 나무들을 파내 마당 여기저기에 옮겨심기를 했다. 마침 내가시장이 장날이라 시장에서 사계절국화, 수국, 카네이션, 루피너스, 활련화 등을 사서 석축 위아래에다 심었다.

공사가 쉬는 틈을 이용해 나무와 화초를 옮겨심기하는 모습.

공사 76일째.

이동호 씨의 부상으로 신명철 씨와 박 사장이 욕실과 세탁실 등 세 곳의 천장 반자작업을 했다. 천장을 대는 판재는 넥스판이라는 일종의 플라스틱 소재이다. 길쭉한 판 양쪽에 루버와 같이 돌출부와 홈이 있어 서로 맞물리게 되어 있다. 습기가 많은 곳에 사용하는 천장재이다. 미처 마치지 못한 1층 문과 계단의 몰딩 작업을 다 마무리하니 벌써 저녁이다. 이로써 내장 부분은 문짝 달기와 계단 놓기, 층계참 밑 창고 반자작업만 남았다.

이동호 씨는 어제 간 병원에서 못 빼는 수술을 받으려 하다가 의사가 많이 째야 한다는 말을 듣고는 김포의 큰 병원으로 옮겨 수술을 받았다. 거기서는 수술실에 일곱 명의 의사가 들어와 수술을 했다. 그들의 말에 의하면 무릎 관절에 깊이 박힌 못을 빼는 수술도 한 적도 있다고 한다. 그쪽 방면 수술 전문이라는 것이다. 이동호 씨는 하반신 마취 시술을 한 뒤에도 집도 의사들에게 내일 일을 해야 하니 조금만 째라고 말했다고 한다. 문짝도 짜고 계단도 만들어야 하는데, 일을 해야 할 때 누워 있으면 가슴이 답답하다는 것이다. 참 타고난 목수라고나 할까. 빨리 쾌유해서 현장에서 활기차게 일하는 모습을 보고 싶다.

목수 이야기

목수라는 직업은 아마 인류가 분업을 시작한 이래 가장 먼저 생겨난 직업 중의 하나일 것이다. 사람이 한곳에 정착해 살려면 주거가 반드시 필요하고, 또 자잘한 생활도구가 없어서는 안된다. 그러한 것들을 누군가가 만들었을 것이다. 그때나 지금이나 마찬가지로 눈썰미와 손재주가 뛰어난 사람이 따로 있었을 것이고, 그들이 주거와 생활용품들을 만들어 공급했을 것이 분명하다. 그 대가로는 사냥한 사슴을 받든지 조가비를 받든지 했을 거고. 물론 자작한 경우도 많았을 것이다.

원시시대부터 남의 집이나 가구 등 생활용품을 만드는 것을 업으로 하는 사람들, 그들이 바로 목수이다. 우리가 알다시피 기독교를 일으킨 교조 예수의 직업도 원래는 목수였다.

조선시대에는 목수를 편수, 도편수 등의 이름으로 불렀고, 그들의 일을 목업木業이라 했다. 도편수는 정5품 품계까지 받는 일도 있었으니, 조선 사회에서 나름대로 대우를 받은 기능인이었다.

이들은 그 맡은 분야에 따라 크게 둘로 나뉘어지는데, 나무를 마름질하여 집을 짓는 대목大木과, 가구나 문짝 등을 만드는 소목小木이 있다. 따라서 대목은 집의 모양에 해당하는 기둥·보·도리·공포 등을 짜고, 추녀내기·서까래걸기 등 지붕 모양을 만드는 일을 하는 반면, 소목은 창호·반자·난간·계단·마루 및 가구 등을 만드는 일을 맡는다.

목수를 전문직으로 양성하는 기관은 따로 없었고, 스승삼은 목수를 따라다니며 어깨 너머로 배우는 식이었으며, 배우는 기간 동안에는 보수가 없었다. 일정 수준의 기술을 익혀 독립하게 될 때 스승이 연장 한 벌을 쳐주는 것이 고작이었다.

현대에 와서는 건축기법과 건축자재의 발달로, 일반주택을 짓는 데

2층 베란다 난간 공사. 저 원형 전기톱은 흔히 '착소'라 불리는 슬라이드 각도 절단기로, 목재를 어떤 각도로도 쉽게 자를 수 있다.

만도 목공·전기·페인트·미장·타일·도배·바닥재·조경 등 여러 분야가 유기적으로 조합되어 집이 완성되지만, 목수 분야만은 여전히 외장목수와 내장목수 둘로 크게 나눌 수 있다. 외장목수는 건물의 사각이나 이격거리, 건물 외곽선을 재거나 정하고 거푸집 짜는 일을 하는 반면, 내장목수는 문과 창, 벽·천장반자 짜기 등 내부의 모든 목공 일을 도맡아 한다.

따라서 목수가 되고 싶은 이는 일의 성격을 잘 헤아려 적성에 맞는 선택을 해야 할 것이다. 내장목수로 나가고 싶은 이는 먼저 가구공장에 취

직하여 일을 배우는 것도 한 방법이 된다. 일산이나 서울 세곡동, 안양 마석지구 같은 곳의 가구공장들이 전국 백화점, 체인점의 인테리어를 상당 부분 소화해낸다고 한다.

사족으로, 목수가 일할 때 목수연장을 넣는 못가방을 항상 허리에 차는데, 그 가방을 보면 대충 목수경력이 얼마나 되는지 알 수 있다고 한다. 그래서 어떤 목수 2세는 아버지가 쓰던 못가방을 우정 차고 다니기까지 한다는 것이다. 못가방에는 못, 망치, 못총, 곱자, 먹줄, 펜치, 칼 등이 수납되어 있다. 물론 이밖에도 '착소'라고 불리는 각도절단기나 전기톱, 전기대패 등 갖가지 목수연장이 있다.

그럼, 그 연장 중 어떤 것이 목수에게 가장 중요한 연장일까? 그들과 몇 달 현장에서 같이 생활해본 결과, 가장 중요한 연장은 단연 줄자인

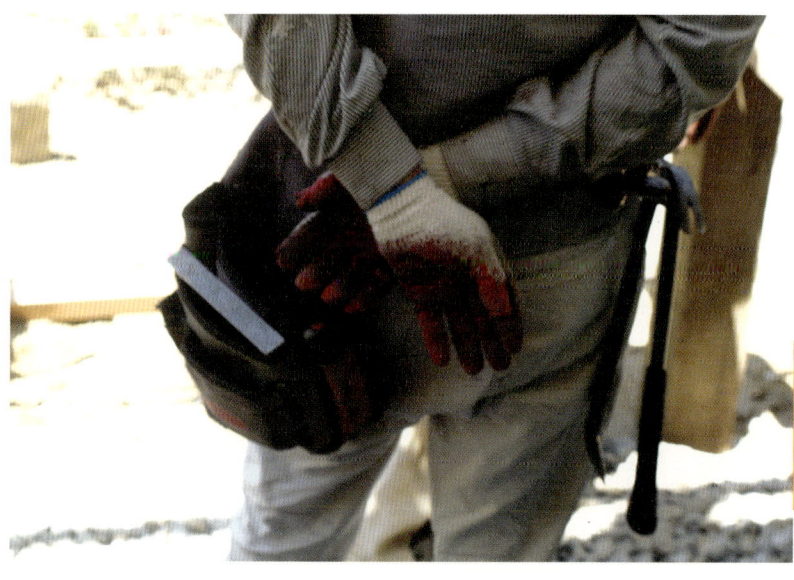

목수의 못가방. 못가방을 보면 그 주인의 내력을 알 수 있다.

것 같다. 목수가 무슨 일을 하려고 하든 일거리 대상에 가장 먼저 갖다 대는 것이 바로 줄자인 것이다. 하지만 나는 그들에게 이런 농담을 한 적이 있다.―"목수에게 가장 중요한 연장은 커피포트다. 그것 없이는 한나절도 일을 하지 못할 것"이라고. 그것으로 하루 두 차례 새참으로 먹는 컵라면 물을 끓이고, 하루에도 보통 댓 잔씩 마시는 커피 물을 끓인다. 그들처럼 음료를 좋아하는 사람들은 없을 것이다. 커피 외에도 드링크 류 등 갖가지 음료를 몇 병씩 마신다. 일이 그만큼 고되기 때문이리라. 그래서 공사장을 찾으면서 음료 상자를 들지 않고 빈손으로 가는 것은 결례다. 그들은 항상 목이 마르기 때문이다. 지구상에 세워진 거의 모든 인공 구조물들은 이 같은 목수들의 노고에 힘입은 것이다.

목수에 대한 자료를 찾다가 어느 20년차 목수가 후배 지망생에게 한 말이 유달리 기억에 남는다. "목수란 가난하고 방랑하는 직업입니다."

배관공사 끝

공사 77일째.

오늘은 박 사장과 신명철 씨가 층계참 창고의 반자작업에 매달리고 있다. 폭이 1m 남짓, 높이 1.4m의 좁은 공간이라 일하기에도 여간 불편하지 않다. 게다가 층계참이라 반자를 맬 면도 복잡하다. 그러다 보니 하루종일 쪼그려서 들락날락하면서 일을 해야 한다. 차라리 큰방 하나 반자작업이 이보다 훨씬 수월하다고 하는 말이 사실인 것 같다.

밖에서는 호범 씨가 수도·난방 경용 파이프인 엑셀을 가지고 여기저

배관 작업을 하는 이호범 씨. 힘든 작업이지만 묵묵히 하는 사람이다.

설비 팀장 이호범 씨가 카메라를 보며 포즈를 잡아준다. 7년 전에도 우리 집 심야전기 보일러를 놓아준 사람이다.

기 연결공사를 하고 있다. 우리 집은 기본적으로는 마당에 판 지하수를 사용하고 있지만, 마을의 간이 상수도도 연결되어 있다. 마을에서 지하수를 대용량으로 퍼올릴 경우 혹시 마당 지하수가 고갈될 수도 있겠다 싶어 연결시켜놓은 것이다. 하지만 지난 5년 동안 마당 지하수가 나오지 않은 적은 한번도 없었다. 간이상수도 물탱크는 우리 집 뒷산 3백m쯤 떨어진 곳에 설치되어 있다. 마을에서 퍼올린 지하수를 다시 물탱크로 올려보낸 후 수압차를 이용해 각 가정에 물을 공급하는 것이다.

우리 집은 지하수가 잘 나올 뿐만 아니라 물맛도 아주 좋아 굳이 간이 상수도를 쓸 필요가 없다. 집 바로 아래 오래 된 샘이 하나 있는데, 바위 틈에서 물이 퐁퐁 올라온다. 예전부터 아랫마을 사람들이 약수라면서 여기서 물을 길어갔다고 한다. 우리 집 지하수가 바로 이 샘과 같은 수맥이다. 집안에서 물을 세게 틀면 샘에서 흘러나오는 물줄기가 가늘어지는 것을 보면 알 수 있다.

호범 씨의 배관공사로 마당의 수도꼭지에서 마침내 물이 콸콸 쏟아진다. 수도관은 집 안으로, 마당의 양수 펌프로, 뒷결 보일러로 복잡하게 연결되어 있다. 나는 보기만 해도 정신이 시끄럽다. 그런데도 호범 씨는 능속하게 관들을 연결하고 있다. 중학교 때부터 이 일을 했다고 한다. 학교에서 오면 가방을 던져놓고 배관공사 팀을 따라다녔다는 것이다. 집안이 어려워서 고등학교 졸업 때까지 그런 아르바이트를 하여 학비며 용돈을 자신이 다 벌어 썼다고 하니, 참 일찍 철든 맏아들이라 하겠다.

이 사람이 박 사장과 공유하는 공통점이 더러 있는데, 요즘같이 아침저녁으로 써늘한 날씨에도 반팔 티샤쓰 한 장만 걸치고 있다는 점, 맏이라는 점, 둘 다 딸만 셋인 아버지라는 점, 게다가 둘 다 머리가 돼지털이라는 점 등등이다. 둘이 아주 친형제라 해도 곧이듣겠다고 하니, 박 사장이 옆에서 그러잖아도 어렸을 때부터 형 아우 하며 지낸다고 한다.

저녁이 다 되어서야 창고 반자작업이 다 끝났다. 한 평도 채 안되는 공간인데도 참으로 일손이 많이 간다. 집짓는다는 게 정말 보통 일은 아니다. 거의 밀리미터 단위로 사람의 일손이 들어가야 하니, 우리가 사는 집은 그런 노고의 덩어리라고나 할까.

▌옛날 대문과 히노키 욕조

공사 78일째.
아침에 나가보니 이동호 씨가 일을 하고 있다. 오랜 만에 보니 반갑

다. 몸은 괜찮으냐고 하니, 1.5cm 정도만 째서 큰 불편은 없다고 한다. 그 바늘 같은 실못 하나가 허벅지에 박히는 바람에 사흘을 꼼짝 못하고 쉰 셈이다.

오늘은 현관문을 짜야 한다고 한다. 현관문의 컨셉은 '옛날 대문'이다. 물론 박 사장의 착상이다. 문틀 집에서 주문제작한 문틀에다 안쪽에는 옹이가 박힌 무늬 합판을 대고, 바깥쪽에는 레드파인 루버를 세로로 댄 후 옛날 대문장식을 붙이는 것이다. 청동으로 만든 대문장식은 박 사장이 서울 황학동에서 구해왔다.

흔히 장석이라고 불리는 이 대문장식은 값만도 30만 원이다. 물론 본격 장석은 아니고 경량 소품으로 만든 것이다. 이것으로 옛날 대문 분위기를 내보려는 것이다.

박상진 씨와 이동호 씨가 함께 현관 문짝을 만들고 있다.

아름다운 공간을 창조하는 사람들

완성된 문짝을 다는 모습.

아침부터 이동호 씨는 대문 만들기에 여념이 없다. 불편한 오른다리를 절룩이면서 무늬목 합판을 제단하고 켜서 문짝에 붙인다. 목수에게는 일에 대한 애착 같은 게 있는 모양이다. 이 현관문 짜는 일만은 꼭 자신이 맡아서 해야 할 몫이라고 생각하는 것 같다. 경첩을 다는 곳을 파내는 작업도 한 치의 오차도 없이 하려고 재고 또 잰다. 양쪽 문을 경첩에 끼워 문틀에 매단 후 바깥쪽에다 루버를 붙이는 작업을 한다. 루버는 거실용으로 쓴 레드파인 루버다. 한 짝에 여섯 개의 루버를 세로로 붙이니 루버의 옹이들이 가지런하게 무늬를 이루어 보기에도 좋다. 얼른 보면 단순한 작업 같지만, 여기까지 하는 데 꼬박 하루가 걸린다. 그만큼 엄청난 정성과 집중력을 필요로 하는 일이다. 내일을 문짝에 장석을 붙일 거라 한다.

욕조가 들어왔다. 보통 욕조가 아니다. 히노키 나무 욕조다. 히노키는 편백나무로, 일본에서 수입한 목재다. 처음에는 월풀 욕조를 놓기로 했는데, 아내가 최종적으로 선택한 것이 히노키 욕조다. 얼마 전 주택 박람회에 가서 조그만 욕실용 히노키 의자를 하나를 사들고 와서는 나무 질감과 향이 너무 좋다고 감탄하더니, 히노키로 욕실을 만들었으면 좋겠다면서 처음으로 낌새를 보인 적이 있었다.

그후 아내는 인터넷을 열심히 뒤적이더니 히노키 욕실 포기를 선언했다. 히노키로 욕실 벽과 욕조 등을 모두 만들 때 물경 1천만 원의 거금이 든다는 것이다. 그래서 일반 욕실로 가기로 하고 타일 가게에서 월풀 욕조를 보았는데, 디자인이 추스러운 것밖엔 없다면서 고민하던 끝에 월풀을 포기, 욕조만은 히노키로 가고 싶다고 말했다. 그럴 경우 월풀 욕조 값과 비슷한 선에서 할 수 있다는 것이다. 여자가 원하는 것은 되도록 막지 않는 게 현명하다. 그 후유증이 오래 간다는 것을 아는 사람은 안다.

나는 애초 월풀이니 히노키니 하는 것에는 별반 관심도 욕구도 없다. 이래도 좋고 저래도 좋다는 식이다. 다만 돈이 너무 들어간다든지, 지나치게 호사스런 것에는 거부감이 강하다.

물건에 대해서도 특별히 욕구하는 것이 없는 편이다. 무엇을 갖고 싶은가? 아무리 이리저리 머리를 굴리고 세상을 탈탈 털어봐도 딱히 갖고 싶은 물건이 없다. 어릴 때는 그렇게 갖고 싶었던 것이 더러 있었는데… 동아전과를 갖고 싶었다. 그것을 보고 숙제하는 친구가 그렇게 부러울 수가 없었다. 그러나 초등학교를 졸업할 때까지 결국 전과 한 권을 가진 적이 없었다. '와싱또'도 신고 싶었다. 지금 생각하니 워싱턴이란 운동화 상표명이었던 것 같다. 그것을 신고 쌩쌩 달리는 아이들이 부럽기 짝이 없었다. 내가 늘 신던 검정고무신은 좀 달릴라 치면 한 짝이, 또는 두 짝 모두 미끈덕 벗겨지기가 일쑤였다. 그런 고무신도 진땅을 걸을 때는 늘 물이 새어 신발 안이 질척거리는 거였고… 그래도 그런 마음을 부모건 친구건 간에 내색한 적은 별로 없었던 것 같다. 자존심이 무척이나 세었던 모양이다. 그런 내력들이 물건에 대한 내 욕구를 일찍감치 거세해버린지도 모르겠다.

어쨌든 월풀 욕조와 비슷한 비용으로 할 수 있다는데 굳이 히노키 욕조를 반대할 까닭이 없다. 게다가 나는 월풀은 별로 좋아하지도 않는다. 전기로 물총 마사지를 할 수 있다는 건데, 괜히 감전되면 어떡하나 하는 걱정도 들고. 물론 촌스런 생각이지만 그런 느낌이 드는 건 어쩔 수 없는 노릇이다.

욕조를 앉히고 수도꼭지를 끼우고 상판을 고정시키는 등의 일을 마무리하는 데만도 네다섯 시간이 걸린다. 오후 네시가 넘어서야 일이 끝났다.

그런데 이 히노키 욕조는 관리가 여간 일 아니다. 늘 나무가 물기를 어느 정도 머금고 있어야 수명이 오래 간다는 것이다. 그래도 아내는 관리는 자기가 할 거라면서 마냥 행복해한다. 하긴 자기가 좋아서 하는

> 히노키 욕조 시공 모습. 한나절이 꼬박 걸렸다.

데크재로 쓸 방부목이 들어오고 있다.

것이라면 그런 일은 즐거움이 될 수도 있을 것이다. 내가 벽난로 청소를 즐겁게 하는 것도 마찬가지 이유 아닌가. 과연 히노키 욕조의 나무 향이 좋기는 좋다.

저녁 늦게 데크재로 쓸 방부목이 5톤 트럭으로 한 차가 들어왔다. 나무 색깔부터가 푸릇푸릇한 게 범상찮아 보인다.

막바지 총공격 작업

공사 79일째.
오늘의 주제는 여러 가지다. 2층 도배와 계단 놓기, 현관문 마무리, 2층 베란다 난간 설치 작업이다. 완공이 코앞이라 여러 작업이 동시에 진행되는 형국이다.

　도배 팀은 모두 여섯 명이 들어왔다. 팀장인 손승국 씨와 그의 아내, 손위 동서 부부, 그리고 아주머니 두 분으로, 남자 둘, 여자 넷이다. 이제껏 공사판에서 남자들만 보다가 여자 목소리가 들리니 좀 이채로운 느낌이다. 도배 일 자체가 여성에게 맞는 것인가 보다.
　그래도 받침대에다 사다리까지 놓고 하는 고공 작업은 모두 팀장인 손 씨가 한다. 보기에도 위태로운 사다리 위에서 능숙하게 일하는 품새를 보니 여간 운동신경이 발달한 사람이 아닌 것 같다. 그는 오전에 풀이 제 시간에 조달되지 않아 쉬는 틈에 뒷산으로 올라가 나무뿌리 두 개를 캐왔다. 땅속에서 썩은 뿌리로 단단한 목질만 남은 것인데, 잘생긴 모양이다. 쇠솔로 털어내고 오일스테인을 바르면 장식용으로 아주 좋다면서 나에게 선물했다. 눈도 밝고 몸도 재바른 사내로, 도시 게릴라든 산속 빨치산이든 했으면 아주 제대로 했을 듯싶은 중년 남자다.

　어쨌든 도배도 상당히 기계화된 듯하여, 도배박사란 풀기계를 갖다 놓고 풀칠한다. 롤러가 맞물려 돌아가는 사이로 풀을 넣고 벽지를 끼우면 풀칠된 벽지가 겹쳐지면서 흘러내려 정해진 길이에서 딱 잘라지기까지 한다. 그러면 들고 가서 위에서부터 훑어 내리듯 붙이면 되는 것이다. 풀 바르기가 보통일이 아닌데, 이 풀기계의 등장으로 도배의 생산성이 크게 늘어난 것 같다.
　도배 일의 특이점은 창문이든 방문이든 꽁꽁 닫아놓고 한다는 점이다. 통풍은 금물이다. 도배한 벽지가 너무 빨리 마르면 하자가 발생할 위험이 있다는 것이다. 서서히 말라야 고루 평평하게 벽지가 잘 붙는다고 한다. 사정이 그렇다 보니 환기가 안되는 실내에는 풀냄새, 벽지 냄새 등이 가득 차서 공기가 탁하다. 노동 환경이 영 안 좋은 셈이다. 그것이 안 쓰러워 에이, 좀 통풍된들 어떠랴 싶어 창문을 조금씩 열었더니 손 팀장 왈, "여기 도배하는 사람들은 창문을 열면 안된다는 걸 다 알고 있어요" 한다. 그래서 나쁜 공기를 기꺼이 감수하는 사람들, 그들이 도배사이다. 세상에 쉬운 일이란 없는가 보다.

저 높은 곳에 벽지를 붙이는 모습. 도배용 걸상을 포개놓고 벌이는 고공 작업이다.

저녁이 다 되어서야 2층 도배가 모두 끝났다. 1층 방 하나만 남은 셈이다. 사실 하루 만에 일을 끝내려고 인원까지 맞춰 왔는데, 풀 때문에 지체된 것이다. 모레 와서 방 도배를 마저 할 거라고 한다.

이동호 복수는 오늘 현관문의 장석 달기 작업을 했다. 장석은 원래 옛날 대문에 장식 겸 견고성을 높이기 위해 붙이는 것이다. 주로 황동으로 만들어진 앞바탕, 감잡이, 귀잡이, 광두정 등을 문의 앞면 곳곳에 붙여, 목재의 뒤

도배박사. 정해진 길이만큼 풀을 바르고 잘라주는 기계다.

아름다운 공간을 창조하는 사람들

현관 문짝에 장석을 박고 있는 장면. 가운데 둥근 부분이 앞바탕이다.

틀림이나 벌어짐을 막고 목재 질감과 어우러져 완성미를 돋보이게 하는 이중 기능을 하는 것이다.

장석들을 다 붙인 문짝은 과연 목공예품이라 할 만큼 아름다운 자태를 드러낸다. 문짝이 작아 대감집 문이라고 하기에는 좀 뭣하나 소감집 문 정도는 되어 보인다. 보는 사람마다 문이 참 예쁘다고 한마디씩 한다. 이동호 목수도 주택 현관문으로 이런 문짝은 처음 만들어본다고 한다. 나에게 와가에 사는 기분이 나게 해주겠다는 박 사장의 착상이다. 보기와는 달리 섬세한 면이 있는 사람이다.

오늘은 또 이 집 짓기 시작한 이래 처음으로 야근을 한 날이다. 계단 공사가 워낙 난공사였기 때문이다. 물론 저녁까지 함바 밥을 먹

지난한 작업 끝에 나무계단을 자리에 앉힌 모습.

은 것도 처음이다.

계단을 콘크리트 타설을 하여 형태를 잡아뒀기 때문에 거기에 맞춰 나무계단을 짜넣는 까다로운 작업이 된 것이다. 그래서 보통 2층 계단을 콘크리트로 타설하지 않고 그냥 나무로 짜넣는 방법을 많이 쓴다고 한다. 그러면 일도 쉬울뿐더러 나무의 신축성으로 오르내리는 데 무릎에 무리도 덜 간다는 이점이 있다. 계단이 단단한 게 좋을 성싶어 콘크리트 타설로 간 것인데, 이럴 줄 알았다면 괜한 짓을 한 게 아닌가 후회스러운 마음도 든다. 그 바람에 네 사람이 그 무거운 나무계단을 들고 여러 번 시행착오를 겪으면서, 시멘트 계단을 해머드릴로 깨뜨리고 옆에 붙인 몰딩을 떼내고 하는 난리굿을 벌인 끝에 간신히 나무계단을 앉히는 데 성공했다. 참으로 지난한 계단공사였다. 그러고 나니 밤 11시가 다 되었다. 아내와 나는 미안한 마음에 그때까지 지켜보고 나서야 숙소로 돌아갔다.

나무를 숨쉬게 하는 천연도료 – 하드 오일

공사 80일째.
오늘은 페인트의 날이다.
2층 베란다 방수작업과 거실 루버, 현관문 도장을 위해 페인트 팀 세 명이 들어왔다. 2층 베란다는 원래 1층 베란다와 함께 방부목 데크재를 깔기로 계획했었지만, 1층 앞쪽의 데크를 3m 폭으로 길게 뽑기로 한 바에야 굳이 2층 베란다에 비싼 시공비를 들여가면서까지 데크재를 깔 필요가 있겠는가 싶어 방수로만 마감하기로 한 것이다. 면적이 10평 정도니, 데크재로 시공할 경우 약 3백만 원이 드는 반면, 방수 우레탄으로 마감할 경우에는 그 1/5~1/6의 비용이면 해결된다.

이 2층 베란다는 원래 폭 3.5m 정도로 뽑아 탁구대를 놓을 심산이었는데, 우선순위에서 밀려 어쩌다 보니 폭이 3m로 줄어드는 바람에 탁구대는 그만 마당으로 내려가고 말았다. 그러면 값도 싸고 깨끗하게 보이는 타일로 마감을 할까 생각해보기도 했지만, 그럴 경우 타일 줄눈 사이로 물이 스며들어 백화현상이 일어나는 등 하자가 발생할 우려가 있다는 박 사장 말에 동감하여 하자 우려가 없는 우레탄 시공으로 가게 된 것이다.

이 우레탄 시공은 방수 목적으로 탄성 우레탄을 바르는 것으로, 하도,

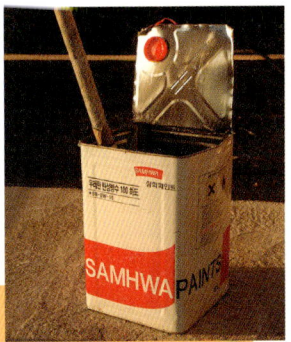

2층 베란다에 방수 도료를 바르고 있다(왼쪽). 방수 도료인 탄성 우레탄. 10평 시공에 4통이 들어갔다(위).

중도, 상도의 세 공정으로 이루어진다. 탄성 우레탄 하도는 투명한 도료로, 바닥면을 강화하고 중도재와의 접착성을 높여주는 역할을 한다. 중도는 초록색 도료로, 두껍게 바른다. 10평 시공에 네 통이 들어갔다. 하도는 연두색, 한 통으로 마감처리했다. 고급스럽게 보이지는 않지만, 그런 대로 깨끗해 보인다.

거실의 루버와 계단에는 독일산 천연도료 하드 오일을 칠했다. 이 하드 오일은 이른바 친환경 도료로, 노약자나 알레르기가 있는 예민한 사람에게 특히 좋다고 한다. 뿐만 아니라 기공 개방식 도료라 하는데, 말하자면 칠을 하더라도 목재의 기공을 막지 않아 숨을 쉴 수 있다는 얘

아름다운 공간을 창조하는 사람들 205

기다. 공기를 완전 차단해버리면 목재가 내부에서 썩을 수 있다고 한다.

칠하는 방법은 스프레이로 하거나 붓으로 하는 두 가지가 있는데, 스프레이로 할 경우 인건비는 절약되지만 농밀하게 칠해지지도 않을뿐더러 아까운 오일의 허실이 많다고 하여 붓으로 칠하기로 했다. 열 평을 칠하는 데 10리터가 들었다. 하드 오일을 머금은 루버를 보니 나무 색이 한결 진해지고 옹이 색깔도 훨씬 뚜렷해져 아름다운 레드파인 루버의 진면목을 그대로 드러내주는 듯하다.

오일을 칠한 사람은 60줄에 접어든 듯한 두 아저씨인데, 그중 한 분은 나무에 아주 해박한 지식을 가진 분으로, 점심때 집 주위를 한번 휘둘러보고 오더니 손가락 굵기의 나무 한 그루를 내게 주었다. 오갈피나무니 잘 길러보라는 것이다. 평소 집 주위의 나무들에 대해 궁금한 점이 많던 차에 그 아저씨에게 이것저것 물어보았다. 저 나무가 고로쇠나무라고 누가 그러던데 맞나요. 아니야. 고로쇠와 비슷하게 생기긴 했지만 신나무야. 신나무요? 그럼 개단풍인가요? 단풍과 비슷해 그렇게 부르기도 하지. 저기 삐쭉 올라간 나무는요? 리기다소나무지. 참 막힘이 없다. 나는 나무나 풀에 대해 해박한 사람이 늘 부럽다. 오갈피나무를 잘 키워야겠다.

| 데크 이야기

요즘 전원주택을 짓는다 하면 빠짐없이 등장하는 것이 바로 데크 깔기이다. 집이란 원래 기본적으로 '폐쇄'의 개념을 지닌 구조물이지만,

자연이 좋아 전원생활을 선택한 사람들이 보다 자연에 많이 접하려는 방편으로 데크를 선호하는 것이다. 말하자면 데크는 실내생활을 외부로 연장하기 위한 공간이라 하겠다.

데크deck란 원래 배의 갑판을 가리키는 말이나, 널리 '바닥'의 의미로 쓰이는 듯싶다. 바닥이라도 무엇인가로 깐 바닥이란 뜻이다. 소재로는 콘크리트 블록·벽돌·타일·나무를 주로 쓰는데, 때로는 취향에 따라 돌이나 인조석·잔디 등을 깔기도 한다.

그런데 이 데크는 그것을 깐 위치나 용도에 따라 여러 이름으로 불리는데, 일컫대 테라스·베란다·발코니 등등이다. 어떤 차이점이 있는 건가? 딱 부러지게 말하기엔 좀 헷갈리는 바가 없지 않는데, 이 기회에 확실하게 정리해보기로 하자. 이 개념정리도 시골집 짓는 데 필요한 부분이니까.

1층 데크 시공 장면. 장선 목 위로 판재를 깔고 있다.

먼저 테라스.

건물 주변의 마당에 건물보다 낮게 만든 바닥이다. 물론 마당보다는 높으나 실내 바닥보다는 20cm 정도 낮은 게 보통이다. 지붕은 없고, 등나무나 담쟁이 등을 올려 직사광선을 막는 경우도 있다. 거실이나 식당에서 정원으로 직접 나가게 하여 실내생활을 옥외로 연장할 수 있게 한 것으로, 의자나 테이블 등을 놓기도 하는데, 용도는 옥외실로서 어린이들의 놀이터나 가족단란 장소, 일광욕, 풍경 감상 장소 등으로 쓰인다. 또한 건물의 안정감을 높이고 정원과의 조화를 꾀하여 건물 외관을 돋보이게 하는 것도 중요한 역할이다.

다음은 베란다.

가장 큰 차이점은 1층과 2층의 면적차이로 생긴 공간을 활용한 것이라는 점이다. 2층 건평이 1층보다 적을 경우, 1층의 지붕 부분이 옥외로 남게 되는데, 여기에 바닥을 깔아 휴식이나 일광욕, 풍경감상을 위한 곳으로 활용하는 것이다. 따라서 주로 남향의 양지바른 쪽에 만들게 된다. 우리 전통가옥의 툇마루 같은 구실을 한다고 보면 된다.

테라스가 1층의 옥외공간이라면, 베란다는 2층 이상의 옥외공간이라고 기억해두면 헷갈릴 염려가 없다.

마지막으로 발코니.

2층 이상의 건물에서 거실을 연장하여 외부로 돌출되게 내단 공간이다. 서양건축의 노대露臺 중 하나로서, 지붕은 없고, 난간이 있다. 건물의 외관을 아름답게 꾸미는 중요한 장식적 요소로서, 흔히 영화에서 무솔리니 같은 권력자가 대중 앞에 모습을 나타내어 일장 연설하는 장소로 발코니가 자주 나오는 것을 많이 볼 수 있다. 요즘은 아파트 같은 건축물에 설치하여 마당 없는 집단주택의 마당 역할을 하는 곳이다.

전원주택에서 데크를 깔아 테라스나 베란다를 즐겨 만드는 데에는 건축법상 이들 옥외시설이 건평에 포함되지 않는다는 점이 있다. 지붕이 없는 구조물은 건평수에 넣지 않아 여러 가지로 유리하기 때문이다.

집을 돋보이게 하는 데크

공사 82일째.
어제 비가 그렇게 쏟아지더니 오늘은 거짓말처럼 말짱하다. 말짱하다 못해 햇볕이 한여름 햇볕 같다. 하지만 바람은 더없이 싱그럽고 주위 산들은 신록으로 온통 눈이 부시다. 산의 연둣빛 신록이 새살처럼 숭숭 돋아난 듯하다. 고요한 산과 하늘을 가만히 바라다보니 문득 집짓는 일이나 인생살이가 그저 꿈결같이만 느껴진다.

어제는 비 때문에 데크 일은 진행되지 못했고, 전기 팀이 들어와 스위치와 전등 달기를 했다.
비 때문에 하루 까먹은 것을 벌충하기 위해 오늘 데크 작업에는 네 명의 목수가 두 팀으로 나누어져 1, 2층의 작업을 맡았다. 2층 난간 작업은 김 목수와 신명철 씨가, 1층 데크 작업은 이동호 씨와 윤태익 씨가 각각 팀을 이루어 진행했다.

데크 시공의 첫 단계. 벽체에다 멍에목을 올려놓을 발판횡목을 고정시켰다.

    데크는 바닥, 난간 할 것 없이 방부목으로 만드는데, 이 방부목은 물론 모두 수입목재로서, 외관상 보기에도 범상찮아 보인다. 푸르딩딩한 것이 꼭 무슨 위험물질 같은 느낌을 주는 것이다. 독한 약액에 팍 절인 것이란 선입견 때문일까. 사람에게 정말 해로운 것은 아닐까 하는 걱정도 든다. 알아보니 과연 크롬, 구리, 비소 같은 중금속과 독성물질이 다량 녹아들어 있는 것이다. 썩는 것과 곤충의 침해를 막기 위함이라 한다. 그래서 실내에서는 방부목 사용을 금하고 있다. 잘못하면 암에 걸릴 수도 있다니, 조심해서 다뤄야 할 물건이다.

    그래도 목수들은 방부목을 맨손으로 만지고 톱으로 켜고 한다. 일일이 장갑 끼고 마스크 쓰고 할 수가 없다는 것이다. 작업 능률 때문이다.

    데크 작업은 사실 며칠 전부터 시작되었다고 할 수 있다. 데크 다리를 세울 곳에 구덩이를 파고 시멘트를 부어놓았던 것이다. 데크의 폭이

동바리 위에 멍에목을
박아 고정한다.

3m나 되니 다릿발도 2열로 세워야 한다. 그러니 구덩이만도 열댓 개를 파야 하는 노릇이다. 그 구덩이 속에 원래는 양철통 같은 둥근 통을 박고 그 속에 시멘트를 채운다. 기초의 침하를 막기 위함이다. 하지만 우리는 구덩이 속에 그냥 시멘트를 부어넣었다. 아래 흙층이 단단하여 굳이 원통을 박아넣을 필요가 없다는 것이 박 사장의 말이다. 하지만 대비책으로 장차 약간의 기초 침하를 감안하여 데크 상판을 수평으로 하지 않고 앞쪽을 조금 높게 시공할 것이라 한다.

이같이 기초를 놓는 과정이 번거롭다고 생각되면 아예 기성품으로 만들어져 있는 기초석을 사다가 그냥 묻어버리는 방법도 있다고 하니 여러 가지로 편리한 물건이다. 하지만 시공단가가 높아지는 것은 각오해야 한다.

스트롱타이는 목재 구조물을 만들 때 나무와 나무를 결합해주는 연결 쇠붙이이다. 그 종류만도 2백 가지가 넘는다는데, 그 다양한 기능은 상상을 초월한다. 구조물의 견고성과 미려함을 동시에 높여주므로 매력적인 소재라 하겠다. 미국에서는 이 스트롱타이를 못처럼 친숙하게 많이 사용한다고 하는데, 우리 나라에서는 아직 그렇게 널리 쓰이지는 않는다. 자재값도 값이려니와 품이 많이 들어 시공단가가 한참 뛰기 때문이다.

그래서 우리 데크를 만드는 데도 스트롱타이를 쓰는 호사를 누리지는 못하고 흔히 꽈배기못이라 불리는 데크 전용못을 사용했다. 못대가리가 없어 일명 무두못이라고 불리는 이 못은 아연 도금을 하여 녹이 슬지 않는다는 점이 특징이다. 게다가 못이 꽈배기처럼 뒤틀려 있어 한번 박히면 잘 빠져나오지 않는다. 대신 이 시공법은 나무에 직접 못을 박아넣는만큼 못자리가 보인다는 점이 흠이라면 흠이다. 하지만 어쩌랴. 그것도 예쁘게 보아주면 되지 않겠는가. 대상이 마음에 들지 않으면 마음을 대상에 맞추라. 이게 세상 살아가는 나의 방법론이다. 그렇게 하면 편한 점이 아주 많다.

본론인 데크 시공으로 들어가자.

폭 3m의 데크를 깔기 위해 기둥을 세울 기초를 2열로 만들고 그 위에 기둥을 세우는데, 기둥 굵기가 무려 가로 세로 6인치, 곧 15cm나 되는 굵은 나무다. 이보다 가는 것은 4″×4″짜리가 있는데, 데크 상판이 넓을 때 이것을 다리로 쓰면 마치 새다리처럼 빈약해 보인다. 그래도 이것을 쓰는 경우가 왕왕 있다고 한다. 물론 자재값을 낮추기 위함이다. 데크나 툇마루의 짧은 다리를 흔히 동바리라고 한다.

이 동바리를 다 놓은 후 그 위에 세로로 멍에목을 깐다. 멍에목의 길

멍에목 위에 직교되게 장선목을 깐다.

난간을 세우고 계단을 만드는 장면.

2층 베란다 난간 작업.

완성되어가는 2층 베란다 난간.

이는 당연히 데크 폭만큼이다. 그러니 동바리 두 개와 건물벽에 갖다댄 발판횡목 위에 멍에목이 올라앉는 셈이다.

멍에목 시공이 끝나면 그 위에 멍에목과 직교되게 가로로 장선목을 올려 꽈배기못을 박아 고정시킨다. 장선목의 간격은 보통 40~45cm 정도. 우리는 보다 촘촘하게 40cm 간격으로 장선목을 깔았다. 장선목 간격이 지나치게 넓으면 데크 상판이 꿀렁거리는 단점이 나타난다.

장선목 시공이 끝나면 이마, 곧 측면도리를 바깥으로 두른다. 무려 폭이 30cm나 되는 판자다. 그런 다음 장선목과 직교되게 데크 상판을 깔아나간다. 그러니까 데크 상판의 방향은 멍에목과 같은 셈이다. 참, 상판을 깔기 전에 그 아래 동바리와 멍에목, 장선목에 오일스테인을 미리 발랐다. 상판을 다 깔고 난 뒤에는 오일 바르기가 쉽지 않기 때문이다.

2층 베란다 난간을 다 두르니 집이 훨씬 돋보이는 느낌을 준다.

    건물 전면인 서쪽의 데크는 폭 3m에 길이 약 9m, 동쪽의 데크는 폭 1.5m에 길이 약 8m, 전체 약 14평 되는 데크에 상판 까는 작업을 마무리하는 데 3명의 목수가 꼬박 이틀이 걸렸다. 그만큼 품이 많이 드는 일이다. 물론 이것으로 데크 작업이 다 끝난 것은 아니다. 난간과 계단을 만드는 일이 남았다. 난간은 먼저 측면도리 위에 난간 기둥들을 일정간격으로 쭉 세우고, 아래 위 시토장을 얹은 다음, 난간 칸살을 대는 순서로 진행한다. 윗가로장 위에는 그보다 더 넓은 판자를 얹는데, 목수들은 이것을 손스침이라 한다. 영어로는 핸드레일handrail이라 하고.

    그런데 중요한 점은 난간 칸살의 형식과 그 간격이다. 어떤 이는 칸살을 모양 나게 하기 위해 X자로 질러넣기도 하고 V자로 만들어 넣기도 하는데, 모양은 낭만적으로 보일지 모르지만, 데크가 높을 경우 사고가 일어날 우려가 있다. 칸살 사이가 넓어 아이의 머리가 끼거나 그 사이로 떨어질 수 있기 때문이다. 사람은 머리만 빠져나갈 수 있으면 몸통은 다 빠져나가게 되어 있기 때문이다. 그래서 우리는 아예 일자형으로 촘촘히 칸살을 세우는 형식을 택했다. 칸살 사이는 8cm. 엄청 촘촘한 간격이다. 박 사장 왈, "그래야 낭중에 선생님 손주들이 와서 놀더라도 사고 날 위험이 없지요."

대단한 심모원려라고 해야 하나. 8cm면 정말 아기 머리도 들어가기 힘들다. 만사 불여튼튼이라잖는가. 건축에는 '안전' 이상의 덕목은 없을 것이다.

난간 공사와 계단 놓기를 끝으로 1층 데크는 완성되었다. 이런 데크 공사를 하자면 보통 평당 70만 원 선이라 한다. 그러나 우리의 경우 자재값과 인건비만을 계산했기에 평당 약 50만 원 정도 먹혔다. 그래도 서민 살림형편으로 본다면 만만치 않은 부담임에는 틀림없다. 하지만 데크가 완성됨으로써 집의 안정감이 높아지고 보기에도 아름다운 집이 되었다.

이런 남만적인 공간이 거기 사는 사람의 정서에도 크든 작든 영향을 미칠 것이고, 따라서 그런 부담은 감내할 만하다는 생각이 든다.

2층 베란다는 원래 비용절감을 위해 우레탄으로 방수처리만 하기로 했다. 비싼 데크목으로 깔아도 별 실익이 없을 것 같았기 때문이다. 우레탄 시공도 한 차례만으로 끝나는 게 아니다. 먼저 하도라고 하는 투명한 도료를 바닥에 바르고 난 다음, 진한 초록색의 중도를 두텁게 바르고, 하루나 이틀을 기다렸다가 연둣빛 상도를 바른다.

이렇게 우레탄 시공만을 한 결과, 유독 2층 베란다만 연두색 우레탄 색깔로 남게 되었다. 그것이 박 사장의 마음에 영 걸리는 모양이다.

내가 보기에도 마치 집의 속살이 그대로 드러나 있는 듯하다. 박 사장이 어렵게 말을 꺼냈다. 2층은 바닥에 데크 상판만 까는만큼 자재값이나 품값이 얼마 들지 않을 거라는 것이다. 그도 자신의 작품인 이 집이 미완성처럼 보이는 것이 못내 마음에 걸리는 모양이다. 따지고 보면 건축주야 나지만, 작품으로서의 이 집 주인은 박 사장이라고 할 수 있잖은가.

그의 의견을 받아들이는 게 마땅하다 싶어 2층 베란다에도 데크를 깔기로 했다. 난간은 이미 만들어진 상태이고, 바닥이 평평하다 보니 그야말로 데크 판재만 깔아나가면 되는 쉬운 공정이다.

1, 2층 데크 공사를 하는 데 꼬박 닷새가 걸렸다. 덤으로 남은 방부목을 이용해 야외용 테이블 하나를 더 짰다. 어쨌든 이로써 데크 공사는 대단원의 막을 내리게 되었다. 공사 86일째 날이었다.

2층 베란다에 데크를 만드는 장면.

아름다운 공간을 창조하는 사람들 217

마루처럼 꿀렁이는 강화마루

외부에서 데크를 만드는 동안 안에서는 바닥 마감공사가 진행되었다.

1층 방과 2층 안방에는 도배 팀이 장판을 깔고, 거실과 2층 작업실, 작은방에는 강화마루를 깔았다. 동화 강화마루가 가장 품질이 우수하다는 박 사장의 추천에 따라 무늬와 색상을 골라 그것으로 시공하기로 했다.

강화마루의 장점은 표면이 특수처리되어 긁힘에 강하다는 것이다. 흠이 좀처럼 잘 나지 않는 강성이라는 뜻이다. 대신 보일러를 가동해도 데워지는 데 시간이 좀 걸린다는 단점이 있지만, 또한 그만큼 천천히 식기 때문에 큰 단점이라고는 할 수 없을 듯하다.

이에 반해 온돌마루는 금방 잘 데워지지만 긁힘에 약해 의자를 자칫 잘못 잡아당기기라도 하면 줄이 패어진다고 한다. 성미 까다로운 사람은 그런 패널 한 장이 생겨도 다시 뜯어내고 재시공한다니 그 번거로움

강화마루를 깔기 전에 바닥에 스펀지를 까는 작업을 하는 모습.

2층 작은방에 깐 강화마루.

이 끔찍한 노릇이다.

그런데 이 강화마루 까는 작업이 참으로 재미있다. 본드 같은 접착제를 전혀 사용하지 않는 시공법이다. 먼저 시멘트 바닥에 두께 5~6mm 정도의 스펀지를 빈틈없이 깐 다음, 그 위에 1200×190×80(mm)짜리의 길다란 판재 강화마루를 끼워나간다. 판재에는 서로 물리게 되어 있는 홈과 돌기가 양쪽으로 나 있어, 타격대로 꽝꽝 치면 이것들이 빈틈없이 꽉 물리는 것이다. 정말 물 한 방울 새어들어갈 틈도 없다. 그리고 이 판재들이 스펀지 위에 놓여진 상태이기 때문에 마루처럼 어느 정도 공간이 떠 있는 셈이다. 그래서 밟고 다니면 정말 마루를 밟듯이 바닥이 약간씩 꿀렁거린다. 이런 것이 무릎 관절 보호에 좋다는 것이다. 밟고 다니는 기분 또한 괜찮다. 참으로 마음에 드는 마루라 하겠다.

바닥 깔기와 현관문 오일 칠하는 것으로 집짓기 공사는 대단원의 막을 내리게 되었다. 공사 87일째 날로, 우리는 여관방살이에 지친 나머지 이날로 여관방의 짐을 꾸려 와서는 2층 안방을 대강 걸레질하고는 그냥 바닥에 이부자리를 폈다. 석달에서 사흘 빠지는 기간 동안 여관살이를 한 셈이다. 5월 12일이었다. 이제 평생 살 집을 다 지었으니 여기서 조용히 살다가 자연으로 귀화하기만 하면 될 일이다. 흘러가는 시간과 변해가는 자연을 고요히 지켜보는 것도 그리 나쁘지는 않을 것이다.

옛집 무너뜨리고 공사를 시작했을 때는 주변에는 앙상한 겨울나무들뿐이었는데, 벌써 5월 중순, 짙을 대로 짙은 녹음이 주위를 뒤덮고 있다. 봄도 이제 막바지인 듯하다.

올봄은 집짓느라 진달래, 산벚꽃, 매화, 배꽃 한번 차찬히 볼 틈도 없

마침내 데크 작업까지 다 끝나 완전히 마무리된 모습을 보여주는 집. 엄청난 노고의 산물이다.

이 덧없이 보내고 말았다. 이제는 좀 숨을 돌리고 조금 남은 봄의 꼬랑지나마 유심히 바라보아야겠다. 꽃잎 날리며 가뭇없이 멀어져가는 봄을 보노라면 이런 봄을 앞으로 몇 번이나 더 볼 수 있을까 하는 문득문득 하게 된다. 이 또한 나이가 시키는 일일 것이다.

준공필증은 닷새 뒤에 나왔다. 엄격하게 따지자면 5일간 사전 입주한

옆에서 바라다본 집의 외관. 확실히 데크가 집의 외관을 돋보이게 해준다.

셈이다. 하지만 사람 사는 세상 그만한 일이야 못 봐주겠다 하겠는가.
 이제 떠나는 봄을 아쉬워하는 옛시인의 노래나 하나 옮기며 이 글을 접고자 한다.

  꽃이 진다 하고 새들아 슬허 마라
  바람에 흩날리니 꽃의 탓 아니로다
  가노라 휘짓는 봄을 새와 무슴하리오.

아름다운 공간을 창조하는 사람들　221

ⓒ김홍희

2층 작업실. 앞의 창으로
봉바우산의 신록이 바로 보인다. 그래서
유일하게 격자 없는 창을 선택했다.

2층 작업실의 책장.
이동호 목수의 작품이다.
높은 천장이 시원한 느낌을 준다.

©김홍희

2층 작업실 한켠의 수납장이 놓인 자리.
바느질을 좋아하는 아내의 살림살이들이 들어 있다.

ⓒ김홍희

안방 쪽에서 바라본 2층 작업실.
앞쪽 낮은 벽은 계단 난간이다.
창밖의 숲으로 사계절이 지나는 모습을 볼 수 있다.

뒷산이 한눈에 들어오는 안방.
아침부터 하루종일 햇빛이 드는 밝은 방이다.

ⓒ김홍희

2층 거실 풍경. 거실 창은 정서향으로,
저녁놀 보기에 더없이 좋다.

부록

- [토지거래 허가구역] 제도
- 토지거래 허가구역 지정현황
- 주거지역별 건폐·용적률

| 부록 1 |

[토지거래 허가구역] 제도

제도개요

○ 근거 : 국토의 계획 및 이용에 관한 법률 제117조

○ 지정권자
—건설교통부장관이 중앙도시계획위원회의 심의를 거쳐 지정(동일 시 · 군 · 구 내 지정은 시 · 도지사에게 위임)

○ 대상지역
—토지의 투기적 거래가 성행하거나 지가가 급등하는 지역과 그러한 우려가 있는 지역

○ 지정효과
—허가구역 내 토지에 관한 소유권 · 지상권 등을 대가를 받고 이전 · 설정하는 계약을 체결하고자 하는 당사자는 실수요 목적임을 소명하여 시장 · 군수 · 구청장의 허가를 받아야 함
—허가를 받지 않고 체결한 토지거래 계약은 효력이 없음

지정현황 ('05.7.2 현재)

○ 전국토의 20.9% 지정·관리 중(20,926km², 6,330백만평)
─수도권(서울 인천 경기) 과밀억제권역 및 성장관리권역
 (자연보존권역인 가평·이천·여주·양평과 옹진·연천은 제외)
─수도권 및 광역권(부산·대구·광주·대전·울산·마창진권)의 개발제한구역
─충청권의 신행정수도 건설 관련지역 8시 9군(대전·청주·청원·천안·공주·아산·논산·계룡·연기·서산·금산·부여·청양·홍성·예산·태안·당진)
─기업도시 신청지역 8개 시·군 일부지역(강원 원주, 충북 충주, 전북 무주, 전남 해남·영암·무안, 경남 사천·하동)

| 부록 2 |

토지거래 허가구역 지정현황('05. 7. 현재)

지정자	지 역	기 간	공고일	사 유
건교부	아산시 및 천안시의 아산신도시 배후지역 및 개발예정지역 22동2읍 24리, '03.2이후 녹지지역으로 변경된 지역 318.102km^2	'05.4.8~ '08.2.16 (2년10월)	'05.3.26 (2005 - 90호)	아산신도시 개발예정지역 및 영향권
건교부	서울시 강북 뉴타운 개발지역 성북·성동·동대문·종로·중구의 11개동 15.65km^2	'02.11.20~ '07.11.19(5년)	'02.11.14 (2002 - 300호)	서울 강북 길음·왕십리 뉴타운지역
건교부	대전·청주·청원·천안·공주·아산·논산·계룡·연기 등 충청권 7시2군의 녹지지역 및 비도시지역 3,567.1km^2	'03.2.17~ '08.2.16(5년)	'03.2.11 (2003 - 31호)	신행정수도 건설에 따른 토지시장 안정 추진
건교부	김포시전역·파주시 9읍면동·고양시 9동·인천시 검단동 25.07km^2	'03.5.20~ '08.5.19(5년)	'03.5.14 (2003 - 101호)	수도권 김포·파주지구 신도시 건설지역
건교부	성남시 및 용인시 판교지역의 택지개발예정지구 14동 2리 38.981km^2	'03.12.1~ '07.11.30(4년)	'03.11.25 (2003 - 264호)	판교 신도시건설
건교부	수도권 및 광역권(부산·대구·광주·대전·울산·마창진권) 개발제한구역 4,294.0km^2	'03.12.1~ '05.11.30(2년)	'03.11.25 (2003 - 265호)	개발제한구역 조정 등에 따른 투기방지
건교부	부산시 강서구 17개동 및 경남 진해시 15개동 일부 80.39km^2	'03.12.1~ '08.11.30(5년)	'03.11.25 (2003 - 266호)	부산·진해 경제자유구역지정(10.24)지역
건교부	인천 연수구·중구·서구 일부 7.20km^2	'03.12.1~ '08.11.30(5년)	'03.11.25 (2003 - 267호)	인천 경제자유구역 지정(8.5) 지역
건교부	수원시 이의동 등 4개동, 용인시 상현동 등 5개동, 기흥 구성읍 15.93km^2	'03.12.1~ '08.11.30(5년)	'03.11.25 (2003 - 268호)	도시기본계획변경으로 시가화예정지역 지정
건교부	수도권(서울·인천·경기)의 녹지 지역 및 비도시지역 5,578.85km^2 *가평·이천·여주·양평·옹진·연천제외, 동두천 녹지지역만 지정	'04.12.1~ '05.11.30(1년)	'04.11.25 (2004 - 295호)	수도권의 지가급등 및 투기방지와 토지시장 안정 추진
건교부	전남 영암.해남.무안 3읍13면 854.51km^2	'05.3.26~ '09.8.20 (4년5월)	'05.3.21 (2005 - 82호)	기업도시건설

지정자	지 역	기 간	공고일	사 유
건교부	충남 당진군 등 1시7군 4,509.68㎢	'05.7.2~ '08.2.16	'05.6.27 (2005 - 201호)	복합도시 보상에 따른 투기우려
건교부	전남 신안군 및 무안군 해제면 665.51㎢	05.7.2~ '09.8.20	'05.6.27 (2005 - 201호)	기업도시 및 다이아몬드 제도 개발계획
서울	종로구·용산구·동대문구·중랑구·강북구·서대문구 12개구 8.318㎢	'03.11.26~ '08.11.25(5년)	서울시보	제2차 뉴타운(11.19) 지정
서울	동대문구·성북구·강북구·서대문구·구로구의 14개동 1.9㎢	'03.12.30~ '08.12.28(5년)	서울시보	서울시의 균형개발 촉진지구 지정
대구	달성군 현풍면,유가면,구지면 일원 69.1㎢	'05.3.1~ '08.2.29(3년)	대구시보	테크노폴리스 건설
인천	연수구 동춘동 4.3㎢	04.8.8~ '08.11.30 (4년 4개월)	인천시보	경제자유구역 송도지구(1공구)
울산	울산시 언양읍·삼남읍·두서면·두동면·삼동면 일원 70.58㎢	'03.11.19~ '08.11.18(5년)	울산시보	경부고속철도 울산역 신설지역
울산	울산시 북구 무룡·산하·정자동 1.37㎢	'05.1.1~ '09.12.31(5년)	울산시보	강동유원지 개발
울산	울산시 상북면 길천리,거리,산전리,향산리,양등리, 궁근정리 3.301㎢	'05.1.18~ '10.1.17	울산시보	지방산업단지 조성
경기	고양시 대화동·장항동·법곳동 6.24㎢	'02.4.22~ '07.4.21(5년)	경기도보	관광문화숙박단지 및 국제전시장 건립
충북	제천시 봉양읍 마곡리·구곡리 삼거리·연박리 39.6/㎢	'04.7.29~ '08.7.28(4년)	충북도보	제천개발촉진지구 리조트단지조성지역
강원	원주시 지정면 가곡리, 간현리, 신평리, 월송리, 보통리, 호저면 매호리, 무장리, 산현리 77.21㎢	'05.5.27~ '08.5.26(3년)	강원도보	기업도시 유치
충북	충주시 주덕읍 등 1읍 3면 15개리 87.14㎢	'05.4.28~ '10.4.27(5년)	충북도보	기업도시 유치
전북	무주군 설천면 청량리, 소천리,두길리 9.8㎢	'05.02.18~ '10.02.17(5년)	전북도보	태권도공원 조성
전북	전주시 송천동·전미동·호성동, 임실군 임실읍 대곡리·정월리, 무주군 안성면 금평리, 덕산리, 공정리 20.7㎢	'05. 6. 2~ '10. 6.1(5년)	전북도보	기업도시유치(무주) 및 31사단 이전(전주.임실)
전남	담양군 금성면 금성리·원율리 9.0㎢	'03.10.25~ '06.10.24(3년)	전남도보	금성 종합레저타운 개발지역

지정자	지 역	기 간	공고일	사 유
전남	무안군 일로읍·삼향면 8개리 41.0km^2	'04.4.3~ '09.4.2(5년)	전남도보	남악신도시 건설 및 전남도청 이전추진
전남	고흥군 봉내면 예내리 14.03km^2	'04.2.4~ '06.2.3(2년)	전남도보	우주센타 건설지역
전남	신안군 압해면 11개리 52.0km^2	'03.10.27~ '08.10.26(5년)	전남도보	신도시 건설예정지역
전남	순천시 해룡면 신대리·상삼리·남가리·성산리·선월리 15.99km^2	'04.4.1~ '07.3.31(3년)	전남도보	광양 경제자유구역 배후단지 조성
전남	여수시 화양면 장수리·이목리·서촌리·화동리·안포리 40.3km^2	'03.12.11~ '08.12.10(5년)	전남도보	여수 종합리조트 단지 조성
전남	해남군 산이면, 화원면 청용리·금평리·영호리·성산리 61.967km^2	'04.8.21~ '09.8.20(5년)	전남도보	서남해안 해양레저타운 조성예정지역
전남	담양군 금성면 덕성리 4.8km^2	'04.10.27~ '06.10.24(2년)	전남도보	관광지 개발사업 (Lotte ecoland 조성)
전남	여수시 수정동·공화동·덕충동 3.6km^2	'04.11.10~ '09.11.9(5년)	전남도보	여수 '12 세계박람회 후보지역
경북	김천시 봉산면·대항면·농소면 일원 42.29km^2	'03.11.17~ '05.11.16(2년)	경북도보	경부고속철도 김천역 신설지역
경북	경주시 광명동, 건천읍 화천리·모량리 31.77km^2	'04.9.4~ '09.9.3(5년)	경북도보	경부고속철도 경주역 신설지역
경북	경북 칠곡군(지천면 연화리, 금호리) 및 포항시(남구 연일읍 학전·달전리, 북구 여남동, 북구 흥해읍 곡강·용한·죽천·우묵·이인리)44.1km^2	'05.6.7~ '08.6.6(3년)	경북도보	내륙화물기지, 영일만 신항 배후단지 조성,동해중부선 포항역사건립, 테크노파크조성
경남	사천시 용현면 덕곡리 2.748km^2	'04.1.1~ '07.12.31(4년)	경남도보	사천시 청사건립 및 용현택지개발 추진
경남	창원시 동읍, 북면, 대산면 전역 고성군 마암면 두호리, 삼락리, 보전리, 화산리, 도전리 143.5km^2	'05.4.26~ '08.4.25(3년)	경남도보	창원시 도시계획 변경 등
경남	사천시 축동면 (사다리,탑리,반용리) 하동군 하동읍 (읍내리,홍룡리,화심리,두곡리, 광평리,비파리,신기리,목도리)29.55km^2	'05.6.7~ '08.6.6(3년)	경남도보	기업도시유치
제주	서귀포 동홍·서홍·토평동 일원 5.26km^2	'04.12.29~ '09.12.28(5년)	제주도보	서귀포 제2 관광단지 개발

*허가구역의 상세 내용은 전자관보 (www.gwanbo.go.kr)의 해당일자 관보를 참조하여 주시기 바랍니다.

| 부록 3 |

주거지역별 건폐·용적률

도시지역			건폐율	용적률
주거지역			70%이하	500%이하
주거지역	전용주거지역	제1종전용주거지역	50%이하	50%이상 100%이하
		제2종전용주거지역	50%이하	100%이상 150%이하
	일반주거지역	제1종일반주거지역	60%이하	100%이상 200%이하
		제2종일반주거지역	60%이하	150%이상 250%이하
		제3종일반주거지역	50%이하	200%이상 300%이하
준주거지역			70%이하	200%이상 500%이하
상업지역			90%이하	1,500%이하
상업지역	중심상업지역		90%이하	400%이상 1,500%이하
	일반상업지역		80%이하	300%이상 1,300%이하
	근린상업지역		70%이하	200%이상 900%이하
	유통상업지역		80%이하	200%이상 1,100%이하
공업지역			70%이하	400%이하
공업지역	전용공업지역		70%이하	150%이상 300%이하
	일반공업지역		70%이하	200%이상 350%이하
	준공업지역		70%이하	200%이상 400%이하
녹지지역			20%이하	100%이하
녹지지역	보전녹지지역		20%이하	50%이상 80%이하
	생산녹지지역		20%이하	50%이상 100%이하
	자연녹지지역		20%이하	50%이상 100%이하

○ **도시지역** : 인구와 산업이 밀집되어 있거나 밀집이 예상되어 당해 지역에 대하여 체계적인 개발 정비 관리 보전 등이 필요한 지역

관리지역	건폐율	용적률
보전관리지역	20%이하	50%이상 80%이하
생산관리지역	20%이하	50%이상 80%이하
계획관리지역	40%이하	50%이상 100%이하

○ **관리지역** : 도시지역의 인구와 산업을 수용하기 위하여 도시지역에 준하여 체계적으로 관리하거나 농림업의 진흥, 자연환경 또는 산림의 보전을 위하여 농림지역 또는 자연환경보전지역에 준하여 관리가 필요한 지역

	건폐율	용적률
농림지역	20%이하	50%이상 80%이하

○ **농림지역** : 도시지역에 속하지 아니하는 농지법에 의한 농업진흥지역 또는 산지관리법에 의한 보전산지 등으로서 농림업의 진흥과 산림의 보전을 위하여 필요한 지역

	건폐율	용적률
자연환경보전지역	20%이하	50%이상 80%이하

○ **자연환경보전지역** : 자연환경 수자원 해안 생태계 상수원 및 문화재의 보전과 수산자원의 보호 육성 등을 위하여 필요한 지역.